教育部、科技部“数字技术与现代金融学科创新引智基地”项目（B21038）
中南财经政法大学中央高校基本科研业务费专项资金项目（2722023EZ012）

庄子罐 陈思翀 编著

气候变化与可持续发展银行

CLIMATE CHANGE AND SUSTAINABLE BANKING

中国财经出版传媒集团

经济科学出版社
Economic Science Press

图书在版编目（CIP）数据

气候变化与可持续发展银行/庄子罐，陈思翀编著
. --北京：经济科学出版社，2022.10
（碳金融和碳交易系列丛书）
ISBN 978 - 7 - 5218 - 4154 - 1

Ⅰ.①气…　Ⅱ.①庄…②陈…　Ⅲ.①气候变化 - 治理 - 国际合作 - 研究　Ⅳ.①P467

中国版本图书馆 CIP 数据核字（2022）第 195617 号

责任编辑：孙丽丽　纪小小
责任校对：王肖楠
责任印制：范　艳

气候变化与可持续发展银行
庄子罐　陈思翀　编著
经济科学出版社出版、发行　新华书店经销
社址：北京市海淀区阜成路甲 28 号　邮编：100142
总编部电话：010 - 88191217　发行部电话：010 - 88191522
网址：www.esp.com.cn
电子邮箱：esp@esp.com.cn
天猫网店：经济科学出版社旗舰店
网址：http://jjkxcbs.tmall.com
北京鑫海金澳胶印有限公司印装
710×1000　16 开　13.25 印张　220000 字
2023 年 2 月第 1 版　2023 年 2 月第 1 次印刷
ISBN 978 - 7 - 5218 - 4154 - 1　定价：52.00 元
（图书出现印装问题，本社负责调换。电话：010 - 88191545）

推荐语一

庄子罐和陈思翀教授的新著《气候变化与可持续发展银行》即将出版，我很高兴能够成为这部著作最早的读者之一。当前，中国正在积极稳妥地推进碳达峰碳中和，参与应对气候变化全球治理。这是一场广泛而深刻的经济社会系统性变革，无论是对于中国实现高质量发展，还是推动构建人类命运共同体都具有非常重要的意义。一方面，企业及其背后提供资金的金融体系正面临着越来越大的由低碳转型带来的压力和风险。另一方面，中国实现双碳目标需要巨额资金投入，并进一步健全碳排放权市场交易制度，也为中国金融业的可持续发展创造出了新的机遇。在此背景下，该书能够针对全球气候治理体系下的中国双碳目标及其对中国金融业发展带来的机遇与挑战这一重要问题展开研究显得尤为重要。

首先，该书针对全球气候治理体系的演进历史与阶段特征、当前全球气候治理体系的体系构成与现状特点，以及中国“3060”双碳目标的提出及相关政策的出台过程，进行了一个很好的梳理与总结。然后，作者基于国际公共品的视角，简要概述经济学理论模型在气候变化方面的研究要点，并根据其理论框架对气候治理现状进行评价。作者指出，引入并实施最优碳价是实现全球气候目标的关键，并讨论了实施碳定价政策在未来面临的几个主要挑战。接下来，作者在介绍碳定价政策的主要类型的基础上，论述引入碳定价的原因，揭示其作用机制，并总结碳税和碳交易在全球的发展现状及面临的挑战。最后，该书认为应对气候变化的可持续发展银行可以创造出新的价值，但需要提供更好的金融产品和服务，并讨论了气候信息披露对当前银行业经营带来的影响。

在气候变化与金融业可持续发展这一宏大的主题下，该书不求全大，重点突出、逻辑清晰，科学研究与资料梳理相结合，是深度理解全球气候治理与金融业发展及其相互关系的精品读本，也推荐给关心中国经济社会发展低碳化转型的广大读者。

中南财经政法大学校长、党委副书记

杨灿明

推荐语二

应对气候变化、推动绿色低碳发展是人类共同的事业。中国作为世界上最大的发展中国家，在大力推进自身碳减排的同时，积极参与多双边对话合作，是全球应对气候变化的重要参与者、贡献者、引领者。党的二十大报告提出要“积极稳妥推进碳达峰碳中和”，这是以习近平同志为核心的党中央统筹国内国际两个大局作出的重大决策部署，为推进碳达峰碳中和工作提供了根本遵循，对于全面建设社会主义现代化国家、促进中华民族永续发展和构建人类命运共同体都具有重要意义。在国家双碳目标的引领下，中国涉碳企业及其背后提供资金支持的金融体系，正面临着前所未有的低碳转型压力和风险，并倒逼其加强改革和创新，可以预见在“双碳”领域会催生一系列新的发展机遇，孕育出新的低碳商业模式。庄子罐和陈思翀教授新著的《气候变化与可持续发展银行》恰逢其时，著作对当前中国实现双碳目标，以及其对中国金融业发展带来的机遇与挑战进行了系统研究，提出了可持续性的实施路径，是国内目前少有的前沿性学术研究成果，具有比较突出的学术价值和社会价值。

首先，本书描述了全球气候治理体系的演进历史与阶段特征，总结出全球气候治理体系的体系构成与现状特点，并介绍了中国“3060”双碳目标的提出及随之出台的相关政策。然后，作者不仅针对中国银行业在气候变化与双碳目标下所面临的物理与转型风险进行了详细分析，还探究了气候变化所能够带来的新的投资机会。接下来，该书从国际公共品的视角出发，基于气候变化的经济分析，揭示出在实现全球气候变化目标中银行业所肩负的社会责任。在此基础上，作者进一步阐明了引入碳税与碳交易等碳定价政策在实现全球气候目标中的重要意义，并剖析其在全球的发展现状及面临的挑战。最后，作者还依次考察了应对气候变化可持续发展银行的市场价值，当前银行业所提供的碳金融产品与服务、气候与环境信息披露的现状及其对银行业经营的影响。

社会进步离不开人类对新领域的探索与研究。如何高效应对气候变化是一个孜孜不倦的过程，总体看来该书将应对气候变化与可持续发展银行进行了交叉研究，重点突出、逻辑清晰、层次分明、简单易懂，既有社会问题思考、理论模型创新，又有实践指导价值，是深度理解全球气候治理与金融业发展及其相互关系的精品读本，在此推荐给关心全球气候变化，支持中国经济社会低碳转型发展的广大读者。

湖北宏泰集团有限公司党委副书记、总经理

碳排放权登记结算（武汉）有限责任公司党委书记、董事长

推荐语三

庄子罐和陈思翀教授推出的新著《气候变化与可持续发展银行》，聚焦全球气候治理及中国双碳目标对中国银行业可持续发展带来的影响，从不同的角度对这一重大问题进行了理论探索，提出了有益的对策建议。

首先，该书在详细梳理银行业所面临气候风险种类及其特点的基础上，强调了银行业气候风险管理的重要意义，揭示出将气候变化风险的识别、评估及管理纳入商业银行传统的风险管理流程的重要性。并且，作者结合气候变化的不同场景，运用定性与定量分析方法，对银行业的气候风险进行了评估。

其次，该书也认为应对气候变化能够为商业银行的可持续发展带来机遇，创造出新的企业价值。作为承担社会责任的机构，银行不仅为客户适应气候变化、绿色低碳转型提供资金支持，激励客户对低碳技术进行投资，促进经济高质量可持续发展，助力实现全球气候目标；同时，银行还可以为客户提供气候变化相关的咨询服务与解决方案，帮助客户了解气候变化风险以及相关的法律法规、政策标准等信息。而且，作者还详细梳理了中国银行业在碳金融的基础产品与服务、碳资产管理及融资上的创新与发展。

最后，该书讨论了气候信息披露对当前银行业经营带来的影响。银行是企业客户信息披露的重要用户，鼓励、推动和帮助客户披露气候相关信息是银行的分内之事。例如，通过建立包括气候和环境信息披露在内的客户ESG评价体系，银行可以帮助客户进行具有高度可比性和有用性的信息披露。这样银行不仅可以了解客户公司的潜在问题、风险和机遇，而且还能够利用信息披露中的对话等方式进一步应对这些风险，评估客户通过应对气候变化获得可持续发展的可能性。

综上所述，作为气候变化与可持续发展银行领域研究与人才培养工作的一项有益探索，我相信这本书一定会给广大读者，尤其是银行从业人员以及关心银行业发展的各界同仁，带来不少的收获。

中国建设银行湖北省分行副行长

金鹏

目 录
CONTENTS

第一章

全球气候治理体系下中国双碳目标的提出

一、全球气候治理体系的演进历史与阶段特征

1979 年，在瑞士日内瓦召开的第一次世界气候大会上，气候变化第一次作为一个受到国际社会关注的问题被提上议事日程。科学家在会议上警告，大气中二氧化碳浓度增加将导致地球升温。之后在 1988 年，一个作为附属于联合国的跨政府组织“政府间气候变化专门委员会”（Intergovernmental Panel on Climate Change，IPCC）在世界气象组织和联合国环境署的合作下正式成立，旨在研究和评估由人类活动造成的气候变化及其影响。为了应对气候变化，1992 年 5 月通过了《联合国气候变化框架公约》（以下简称《公约》），并于 1994 年 3 月生效。为加强《公约》的实施，1997 年还通过了《京都议定书》（Kyoto Protocol，以下简称《议定书》），并于 2005 年 2 月生效。

如果从 1988 年 IPCC 的成立开始计算，迄今为止全球气候治理体系已经历了 30 多年的发展。每一次取得的重大进步都不是一蹴而就的，而是循序渐进的，是经过长期的准备、斡旋和谈判才逐步达成的。每一次气候大会的召开、重要文件的签订、减排目标的制定、评估报告的发布、工作组的设立等都有其独特的历史意义，都反映了每个谈判国家的利益诉求，体现了各方谈判力量的形成和变化，暗含了发达国家和发展中国家对国际地位和话语权的争夺，甚至也包含了非政府组织和民众的参与和努力。因此，详细梳理和分析全球气候治理体系发展过程中的代表性会议和事件对研究全球气候治理体系的演进和特征以及未来的发展有重要意义。

全球气候治理体系的发展主要以历年来的国际气候谈判为表现形式，以重要协议的签订和会议的召开为里程碑，以经济危机和主要国家气候政策的变化为转折点，大致经历了以下四个明显的发展阶段。

（一）建立阶段

1988 年政府间气候变化专门委员会（IPCC，1988 年）成立到《公约》（1992 年）和《议定书》（1997 年）的出台，可以看作全球气候治理体系的初建阶段。在此期间，国际社会大概用了 10 年的时间才引领气候问题走进公众视野并成为全球性的重要议题，促使大部分国家和地区加入了联合国气候谈判机制，确认了"共同但有区别的责任"这一基础原则，制定了全球减排目标，强制《议定书》附件国家采取减排行动。

在此阶段经历了以下几次重要的气候谈判和事件。

1979 年，第一次世界气候大会在日内瓦召开，标志着气候问题开始提上国际议事日程。为实现全球气候的有效治理，1988 年，联合国环境规划署和世界气象组织（WMO）成立了政府间气候变化专门委员会，其职责是收集、整理并评估气候变化科学知识的现状，分析气候变化及对环境、社会和经济的影响，并提出减缓、适应气候变化的对策。

1990 年，IPCC 及时发布第一份气候评估报告（Assessment Report，AR），确认了全球变暖的科学基础，引起公众极大关注，对促成后续的气候变化公约谈判具有重要意义。同年 12 月，第 45 届联合国大会第 45/212 号决议——《为今世后代保护全球气候》决定成立政府间谈判委员会（INC），负责拟定气候变化纲要公约和组织第一届谈判会议。国际气候谈判的进程由此正式启动。

1991 年 2 月至 1992 年 5 月，经过历时 15 个月的 5 轮艰苦谈判，《公约》最终于 1992 年 6 月正式开放签署，当时共有 153 个国家和欧洲共同体签署。《公约》的最终目标（条款 2）是"将大气中温室气体的浓度稳定在防止气候系统受到人为干扰的水平上。这一水平应当在足以使生态系统能够自然地适应气候变化、确保粮食生产免受威胁并使经济发展能够可持续进行的时间范围内实现”。

《公约》确立了“共同但有区别的责任”、公平、各自能力和可持续发展原则等国际合作应对气候变化的基本原则；明确发达国家应承担率先减排和向发展中国家提供资金技术支持的义务；承认发展中国家有消除贫困、发展经济的优先需要，明确了经济和社会发展以及消除贫困是发展中国家首要和压倒一切的优先任务。具体而言，原则（条款3）包括“公平原则”“共同但有区别的责任原则”“各自能力原则”等。缔约方承诺（条款4）附件Ⅰ国家（发达国家与经济转型国家）应“制定国家政策和采取相应措施，限制人为的温室气体排放”，2000年应“将个别地或共同地使CO_2和《蒙特利尔议定书》未予管制的其他温室气体的人为排放恢复到1990年的水平”；附件Ⅱ国家（24个最发达国家）应“提供新的和额外的资金，以支付发展中国家履行义务所需的全部费用”；发展中国家应编制国家信息通报，制定并执行减缓和适应气候变化的国家计划，其履行上述义务的程度取决于发达国家资金和技术转让的程度。

《公约》于1994年3月正式生效，是世界上第一个为控制温室气体排放、应对全球变暖而起草的国际公约，奠定了应对气候变化国际谈判与合作的重要法律基础，是具有权威性、普遍性、全面性的国际框架，但明显缺失了对发达国家减排具体指标的硬性约束。《公约》目前共有197个缔约方，我国于1992年11月经全国人大批准加入《公约》。《公约》确立了应对气候变化的最终目标，旨在将大气中温室气体浓度稳定在防止气候系统受到危险人为干扰的水平上。

1995年，首次《公约》缔约方大会（COP1）在柏林举行，制定了2000年后的减排义务和时间表，以督促发达国家实现最终减排目标，为此，各方通过了“柏林授权书”（Berlin Mandate），此举直接促进了后来《议定书》的制定。同年，IPCC第二次评估报告（AR2，1995）得出结论，有证据表明人类活动对全球气候具有可以识别的影响，切需要加强全球、区域和国家各级的减排行动。然而，直至1997年11月，共进行了8次正式谈判会议及若干次非正式磋商，减排指标问题仍未有进展。其中，《公约》第2次缔约方会议（COP2）于1996年7月在瑞士日内瓦举行。尽管会议试图争取通过法律减少发达国家的温室气体排放量，并就“柏林授权”所涉及的

“议定书”起草问题进行讨论，但未获一致意见。因此，会议决定由全体缔约方参加的“特设小组”继续讨论，并向第3次《公约》缔约方会议（COP3）报告结果，争取在1997年12月前缔结一项“有约束力”的法律文件，减少2000年以后发达国家温室气体的排放量。

为加强《公约》的实施，1997年各国最终通过了《京都议定书》，并于2005年2月生效。《议定书》明确了发达国家整体率先减排的目标和受管控的温室气体类型，并确立了“排放贸易”“共同履行”“清洁发展机制”三种基于市场的“灵活履约机制”。值得一提的是，1997年12月于日本京都召开的第3次《公约》缔约方会议（COP3）是不得不在无任何谈判文本的基础上召开的。在会议最后阶段，连续进行近50个小时的谈判后，才最终通过《京都议定书》。《议定书》规定，附件Ⅰ国家需确保在2008～2012年（第一个承诺期）将温室气体排放量比1990年至少削减5.2%，其中欧盟减排指标为8%，美国为7%，日本为6%（条款3）；提出减排途径有3种灵活机制，即联合履行（JI，条款6）、排放贸易（ET，条款17）和清洁发展机制（CDM，条款12），以帮助发达国家降低减排成本；附件Ⅱ国家还应当为发展中国家提供技术转让和资金支持（条款11），关于实施的相关细则在之后几年继续谈判。

（二）发展阶段

通过《议定书》到召开哥本哈根气候大会（2009年）是全球气候治理体系艰难的发展阶段，各国之间的利益分歧愈加严重，导致《议定书》实施细则的谈判历时8年，到2005年才正式生效。之后的“巴厘岛路线图”（2007年）确定了未来谈判方式的“双轨路径”，延续了“共同但有区别的责任”的基础原则。但美国、加拿大、日本、俄罗斯等国退出或故意拖延谈判进程，并要求发展中国家也实施强制减排。

在此阶段经历了以下几次重要的气候谈判和事件。

1998年，阿根廷气候大会（COP4）达成《布宜诺斯艾利斯行动计划》（Buenos Aires Planof Action），决定在2000年之前必须解决减排机制问题。但在经历了1999年的德国波恩气候大会（COP5）后，于2000年的海牙气候大会（COP6）上，谈判最终破裂。美国、加拿大、日本等少数发达国家与欧盟形成尖锐的对立局面。美国主张可以无限制地通过向发展中国家提供资金、转让技术的方式和森林、绿地吸收二氧化碳（CO_2）的方式来抵消自身的减排指标；欧盟指责美国逃避义务，坚持主张发达国家应把主要精力放在国内减排上，到海外“购买”减排份额最多不得超过其减排总量的一半。

2001 年 3 月，美国宣布退出《议定书》。7 月，在 COP6 续会上，欧盟、“伞型集团”[①] 和“77 国集团 + 中国”在美国反对和不参与的情况下达成的《波恩协议》（Bonn Agreement）具有突出的国际政治意义，且在最后关头避免了《议定书》失败的命运。《波恩协议》对土地森林、三个机制[②]、遵约制度和资金提供四方面作出了规定，但部分内容遭到“伞型集团”国家的反对，最终无法达成“一揽子”决定。未竟的工作于 11 月在摩洛哥气候大会（COP7）中继续进行，最终达成的《马拉喀什协定》（Marrakesh Accord）明确了技术转让框架，成立了技术转让专家小组，并首次在资金援助方面取得较大进展，为争取俄罗斯、日本等国批准《议定书》铺平了道路。

2002 年，新德里气候大会（COP8）通过的《德里宣言》采纳了发展中国家的建议，提出要在可持续发展框架下解决气候变化问题，大力开发清洁能源和创新绿色科技，可持续地使用可再生能源，并通过公共部门的努力和市场为导向的途径实现减排。

2003 年，米兰气候大会（COP9）陷入僵局，缔约方各有诉求：欧盟积极游说坚持全球承诺和强制减排；小岛国家积极推动国际社会立即采取实质性减排行动；最不发达国家（LDC）为获得资金的援助愿意做出妥协；美国故意拖延谈判进程，采取折中和调和立场，提出“碳强度”方法自愿承诺减排；俄罗斯和澳大利亚等国态度消极，严重推迟《议定书》的生效；沙特等石油输出国坚决反对国际合作；中国、巴西和印度更关注第二承诺期的谈判。非政府团体和研究机构也提出了各种减排方案，大致可归纳为“自上而下”（top-down）和“自下而上”（bottom-up），缔约方开始考虑多种方

① 伞形集团（Umbrella Group）用以特指在当前全球气候变暖议题上不同立场的国家利益集团，具体是指除欧盟以外的其他发达国家，这些国家的分布很像一把“伞”，也象征地球环境“保护伞”，故得此名。

② 《京都议定书》第六条所确立的联合履行（JI）、第十二条所确立的清洁发展机制（CDM）和第十七条所确立的排放贸易（ET）。

式并存的新机制。在 2004 年第 10 次《公约》缔约方会义召开前，俄罗斯政府终于批准加入《议定书》，并使之在俄罗斯最终生效。

2004 年是《公约》生效的第 10 年，但在资金、技术转让、能力建设等议题上谈判进展仍缓慢，具体的减排行动更是见效甚微。

2005 年 2 月，《议定书》正式生效，成为第一个为发达国家规定量化减排指标的文件，也是第一个具有法律约束力的国际减排文件，并且符合“柏林授权”的精神和规定，并没有对发展中国家规定任何限排或减排义务。11 月，第 11 次《公约》缔约方会议（COP11）暨《京都议定书》第 1 次缔约方会议（MOP1）在加拿大蒙特利尔召开，大会任务为“执行、改进和创新”，通过了遵约程序、执行规则和惩罚机制，成立了《议定书》下的特设工作组（AWG-KP），开启了发达国家第二承诺期（2012 年以后）的谈判。对欧盟来说，此次大会启动了发展中国家和未批准《议定书》的发达国家（美国和澳大利亚）参与的进程。

此后，“后京都”谈判正式启动，主要针对第二承诺期的具体减排指标进行谈判。2006 年，第 12 次《公约》缔约方会议暨《京都议定书》第 2 次缔约方会议首次在撒哈拉以南非洲国家——肯尼亚内罗毕召开。会上，前世界银行首席经济学家尼古拉斯·斯特恩（Nicholas Stern）做了主题发言，指出不断加剧的温室效应对全球经济的影响不亚于世界大战和经济大萧条，但是只要全球各个国家以国内生产总值（GDP）1% 的投入就可以避免未来每年 5% ~20% 的 GDP 损失。大会达成的“内罗毕工作计划（2005—2010）”为发展中国家清洁发展机制项目提供额外支持。并且，“适应基金”在发展中国家已接近投入运行，用于适应气候变化的具体行动。同年，国际能源署（IEA）发布《世界能源展望 2006》，预测中国将在 2007 年成为世界上第一大温室气体排放国，其他发展中大国温室气体排放量也将迅速增加。从此，发展中国家减排问题开始成为全球气候大会的中心议题。

2007 年，第 13 次《公约》缔约方会议达成了“巴厘岛路线图”，开创了“双轨制”谈判路径，即将谈判分为不同语境下的两个部分：就《公约》下广泛国家的长期合作行动进行的 AWG-LCA 谈判，以及就《议定书》下确定的附件Ⅰ国家制定二期减排义务的 AWG-KP 谈判，体现了《公约》和《议定书》的“共同但有区别的责任”原则。为实现大幅度减排，条款 1 要求“所有发达国家（包括美国）做出可测量、可报告和可核实（MRV）的适当国家缓解承诺或行动（NAMAs），包括可量化的国家排放限度和排减目标”；“发展中国家缔约方应得到支持性和可行性的技术、资金和能力建设的支持，并在可持续发展的范围内采取适当的国家缓解行动”；强调应加强适应行动、技术开发和转让行动、供资和投资行动等发展中国家关心的问题等。同年，IPCC 第四次气候变化评估报告（AR4，2007）呼吁应控制全球温升不超过 2℃。之后爆发的金融危机使许多发达国家出现经济衰退，德国等部分欧盟国家为减轻企业负担，导致强制减排的政策开始松动甚至倒退。在 2008 年波兹南气候大会（COP14）上，中国代表团第一次明确提出“人均累积 CO_2 排放”的概念用以衡量减排义务的公平性。同年 11 月，奥巴马出任美国总统，美国的气候政策出现新的转机，2009 年，美国众议院通过了美国历史上首部限制温室气体排放的综合性法案——《美国清洁能源与安全法案》（ACES）。

为解决《议定书》在 2012 年到期的问题，2009 年第 15 次《公约》缔约方会议——哥本哈根气候大会（COP15）召开，受到各国政府、非政府组织、学者、媒体和民众的高度关注，也是各大国际外交场合的重点议题。为提前拟定草案，分别于 2008 年和 2009 年举行了第 4 轮和第 5 轮联合国气候变化国际谈判会议。但是，针对“责任共担”的焦点问题，发达国家和发展中国家的政治意愿存在明显分歧，且存在谈判的程序性问题——不透明的“小集团”磋商模式，最终《哥本哈根协议》（Copenhagen Accord）不具法律约束力，也未解决《议定书》第二承诺期的相关问题。

但是，大会提议建立绿色气候基金，由发达国家承诺 2010 ~ 2012 年每年出资 100 亿美元以及 2013 ~ 2020 年每年出资 1 000 亿美元，以支持发展中国家缓解气候变化。除此之外，会中首次隐晦地提出了一种新的“自下而上的减排保证”（pledge）+“统一核查机制”（review）的全球减排机制。美国、法国等少数西方发达国家提出“碳关税”政策，将环境问题和贸易挂钩，向不能达到进口国节能减排力度的他国出口商品征收特别关税。此次会议后，中国、印度、南非、巴西作为“基础四国”开始代表发展中国家共同发声，提出符合发展中国家利益诉求的排放权分配方案。

（三）停滞阶段

从2009年哥本哈根气候大会的无果而终到2015年《巴黎协定》达成前，全球气候治理机制一直处在停滞阶段。此时世界经济形势发生变化，发展中国家经济崛起并占据越来越多的全球碳排放份额。发达国家遭遇经济危机，拒绝接受第二承诺期的减排义务，并要求逐渐弱化“共同但有区别的责任”原则，将“自上而下”的量化减排模式逐渐过渡到自愿减排模式，试图在2015年前达成一个自2020年生效的新协议。

在此阶段经历了以下几次重要的气候谈判和事件。

哥本哈根气候大会后，气候谈判更加举步维艰。为了使2010年底的坎昆气候大会顺利召开，提前进行了4轮工作组谈判会议，就谈判程序性问题、案文、方向和具体内容等展开了艰难的磋商。最终坎昆气候大会（COP16）坚持了双轨谈判机制，且在发展中国家关心的问题（适应、技术转让、资金和能力建设等）上取得了不同程度的进展，并决定建立绿色气候基金。会中，日本等个别发达国家公开反对《议定书》第二承诺期。

2011年，德班气候大会（COP17）通过决议，建立加强行动德班平台特设工作组，决定实施第二承诺期，启动绿色气候基金，不晚于2015年达成一个《公约》下适用于所有缔约方、自2020年起生效的新协议。同年12月，加拿大宣布退出《议定书》。

2012年，多哈气候大会（COP18）通过了《议定书》修正案，从法律上确定了第二承诺期的时间框架；进一步明确了2015年协议谈判的时间表，全面启动适用于所有缔约方的新的“德班增强行动平台”的单轨谈判进程。

2013年，联合国绿色气候基金（GCF）终于在韩国落户，计划从2020年起每年筹集1 000亿美元。

2014年，IPCC第五次评估报告（AR5，2014）指出气候变化将增强对人类和生态系统造成严重、普遍和不可逆转影响的可能性；将温升限制在2℃内，需要到2050年全球排放水平比2010年减少40%～70%；将温升限制在1.5℃内，则需要减少70%～95%；现在大幅减排把温升控制在2℃的可能性大于66%，且对全球经济的影响在正常情境下仅为0.06%。

为推进全球气候变化新协议的谈判进程，《中美气候变化联合声明》（2014 年）、《中法元首气候变化联合声明》（2015 年）相继发布。

（四）新发展阶段

为进一步加强国际社会合作应对气候变化，并对 2020 年后应对气候变化国际机制作出安排，2015 年 12 月，在《公约》第 21 次缔约方大会上终于打破了僵局，达成《巴黎协定》（Paris Agreement）。《巴黎协定》确立了全球气候治理历史上第一个普遍适用的全球性治理体系，提出了控制全球气温上升 2℃并努力实现 1.5℃的长期目标，并就国家自主贡献、减缓、适应、资金、技术、能力建设、透明度、全球盘点、遵约等方面做出了全面平衡的安排，全球应对气候变化合作进入“自下而上 + 自上而下”的新阶段，全球绿色低碳转型也成为不可逆转的趋势。

特别是，《巴黎协定》要求所有的缔约方都必须提出“国家自主贡献”，打破了南北方在《公约》及《议定书》框架下关于治理责任分配及其相应承诺和行动的“防火墙”。但是，各国减排目标远远达不到把气温上升控制在 2℃以内的全球减排任务要求。而且，美国于 2017 年退出《巴黎协定》，停止履行于 2025 年前将温室气体排放量在 2005 年的基础上减少 26% ~28% 的承诺，并停止向联合国绿色气候基金提供捐助，引起了全球各方的声讨。

但是，全球气候治理没有因此停滞或者混乱，这说明当前全球气候治理已不再依赖于个别国家的政策和行动；而且使更多地方政府、城市、企业、社会团体甚至个人更积极地参与到气候治理中来，切实采取减排行动。

在此阶段经历了以下几次重要的气候谈判和事件。

2015 年 12 月，第 21 次《公约》缔约方会议——巴黎气候大会（COP21）通过了《巴黎协定》，其长期目标是“将全球平均气温较前工业化时期上升幅度控制在 2℃以内，并努力限制在 1.5℃以内”（条款 2）。各缔约方以“自下而上”国家自主贡献（NDC）的方式（条款 4）提出各自的目标和行动计划，并以全球定期每五年集体盘点的方式（条款 14）评估集体进展情况。该协定很快于 2016 年 11 月正式生效，体现了全球对气候治理的迫切愿望，是人类历史上应对气候变化的第三个国际法律文本，确立了 2020 年后全球气候治理格局。

为落实《巴黎协定》相关内容，各国继续围绕“共同但有区别的责任”问题、减排义务分担的公平问题、提供资金技术问题等重大问题进行谈判。2016 年第 22 次《公约》缔约方会议（COP22）一致通过的《马拉喀什行动宣言》给国际社会树立了信心，中国出资 30 亿美元建立“中国气候变化南南合作基金”起到了重要的引领作用，体现了大国担当。但各方在发达国家如何出资问题上仍有分歧，发达国家迄今仍未兑现每年提供 1 000 亿美元的承诺。

美国特朗普政府于 2017 年 6 月宣布退出《巴黎协定》，10 月宣布废除美国《清洁电力计划》，此举严重阻碍全球气候治理的进程。同年，世界气象组织发布《温室气体公报》表示，2016 年全球 CO_2 浓度增速突破历史记录，较过去 10 年平均值高 50%，是工业化前的 145%。11 月，波恩气候大会（COP23）首次由太平洋发展中岛国斐济担任主席国。大会主要任务有：形成一个有共同时间框架的、全面的、平衡反映各方核心诉求的《巴黎协定》实施细则草案，为次年的最终版本奠定基础；形成 2018 年“促进性对话”的实施细节，弥合与全球减排目标的差距等。

2018 年，IPCC 发布的《全球变暖 1.5℃》特别评估报告警告，1.5℃是危险的临界点，必须在多个领域进行变革，以保证 CO_2 排放量到 2030 年减少 45%。但美国、俄罗斯、沙特、科威特等国家拒绝认可此报告。同年，全球经济和气候委员会发布的《新气候经济报告》认为减排和经济发展可以共存，气候行动到 2030 年将产生 26 万亿美元的经济效益。12 月，卡托维兹气候大会（COP24）最终通过了《巴黎协定》“实施手册”，主要确定了透明的报告和监督机制、2023 年全球盘点机制、2025 年后的气候资金新目标以及评估技术发展和转移的进度等，但没有提出更高的减排目标，甚至难以实现控制在 2℃的温升目标。

2019 年 11 月，联合国环境规划署发布年度《排放差距报告》预计，即使《巴黎协定》承诺全部实现，全球气温仍有可能上升 3.2℃；若要控制在 1.5℃，2030 年全球年排放量必须再减少 320 亿吨 CO_2 当量，即未来 10 年每年下降 7.6%，需要各国国家自主贡献提升至少 5 倍。12 月，在马德里气候大会（COP25）中，谈判各方在碳排放交易机制、减排力度、资金支持等议题方面分歧严重。大会延后 40 多小时后闭幕，再次引起场外环保人士的愤怒。大会最后，主席表示已有 73 个国家有意提交一份更有力的国家自主贡献报告，并号召组成气候“雄心联盟”（High Ambition Coalition），以做出到 2050 年实现净零排放的新承诺。

2020 年，格拉斯哥气候大会（COP26）因新冠肺炎疫情宣布延期到 2021 年 11 月。据国际能源署估计，由于新冠肺炎疫情影响，2020 年全球 CO_2 排放量下降 5.8%，减少了约 20 亿吨，降幅有史以来最大，是 2009 年全球金融危机后排放量减少的 5 倍。[①] 精确到疫情防控期间每日的全球碳排放情况，有学者发现 2020 年 4 月 7 日较前一年的日均排放减少了 17%；从国家和地区的角度，排放量减少较多的有中国（2.42 亿吨）、美国（2.07 亿吨）、欧洲（1.23 亿吨）和印度（9 800 万吨）。[②] 但伴随全球各地疫情防控状态结束，排放将出现反弹，且有可能快速升高，这将取决于各国复苏和刺激经济的推行速度与政策选择。基于不同激励措施的力度和结构，有学者研究预测了 41 个主要国家的后续财政刺激措施将使全球 5 年（2020 ~ 2024 年）的排放量减少 6.6 亿吨至增加 23.2 亿吨。[③] 赫伯恩等（Hepbum et al.）询问了来自二十国集团（G20）国家的 231 名央行官员、财政部官员和其他经济专家关于 25 种主要财政复苏模式在四个维度上（实施速度、经济乘数、气候影响潜力和总体可取性）的相对表现，发现在经济乘数和气候影响指标方面都具有很高潜力的 5 项政策（清洁有形基础设施、建筑能效改造、教育和培训投资、自然资本投资和清洁研发），并且提出不同收入水平的国家适合不同的财政复苏政策。[④]

2021 年 1 月 20 日，美国新任总统拜登在就任首日签署行政命令重返气

---

① World Energy Review 2021 [EB/OL]. https://www.iea.org/reports/global-energy-review-2021, 2021-04-08.

② Corinne Le Quéré, et al. Temporary reduction in daily global CO2 emissions during the COVID-19 forced confinement [J]. *Nature Climate Change*, 2020, 10 (7): 647-653.

③ Yuli Shan, et al. Impacts of COVID-19 and fiscal stimuli on global emissions and the Paris Agreement [J]. *Nature Climate Change*, 2021, 11 (3): 200-206.

④ Cameron Hepburn, Brian O'Callaghan, Nicholas Stern, Joseph Stiglitz, et al. Will COVID-19 fiscal recovery packages accelerate or retard progress on climate change? [J]. *Oxford Review of Economic Policy*, 2020, 36 (S1): 359-381.

候变化《巴黎协定》。最终，各国在推迟至2021年11月举行的第26届联合国气候变化大会（COP26）上实现妥协，就《格拉斯哥气候协定》达成一致，决心携手在接下来的10年中加速推进气候行动。本次大会制定了更新版的国家自主贡献（NDC）路线图。但是，联合国环境规划署（UNEP）的分析表明，该路线图难以实现1.5℃的温控目标。

二、全球气候治理体系的体系构成与现状特点

（一）体系构成

推动和引导建立公平合理、合作共赢的全球气候治理体系，是各国共同解决全球气候变化问题的首要任务。全球气候治理的最终目标是提供充足的全球公共产品，实现国家利益与全球利益、当前利益与长远利益以及国家与国家间利益的均衡。

目前，三大国际法律性文件——《公约》《京都议定书》和《巴黎协定》，在全球气候治理进程中的作用、约束力以及参与度等综合影响力上，无疑起到主导作用。

同时，国际公约外的气候治理机制作为有力的补充推进了谈判进程。这些机制从性质上可以分为政治性、技术性和经济激励性三种类型：（1）由政府首脑或者高级别官员就一些重大问题达成政治共识的组织或会议，主要包括联合国气候变化峰会、联合国千年发展目标论坛全球气候治理体系演进及新旧体系的特征差异比较研究（MDGs）、经济大国能源与气候论坛（MEF）、二十国集团（G20）、八国集团（G8）、亚太经济合作组织（APEC）、亚太清洁发展和气候新伙伴计划（APP）等；（2）针对具体技术问题开展专题研究和讨论的机制，主要包括联合国环境规划署（UNEP）、联合国开发计划署（UNDP）、联合国粮农组织（FAO）、国际民用航空组织（ICAO）、国际海事组织（IMO）以及联合国秘书长气候变化融资高级咨询组等；（3）促进经济发展的组织或政策，包括世界银行、区域多边发展银行、与气候变化相关的贸易机制、与生产活动和国内外市场拓展相关的生产标准制定等。这类组织和机制在一定程度上有利于调动多方行为主体的积极

性和规范扩散，各国可以根据自身情况自愿制定政策，尤其是减排积极性较高的国家可以提前采取行动应对气候变化。

研究表明，如果只是使尽可能多的国家仅加入唯一一个国际气候联盟，可能不是最佳策略，反而具有相近成本—效益结构的成员国之间达成的协议会更稳定，且可能会促进国际协议的成功。[①] 但过犹不及的是，如果气候机制过于复杂，会造成臃肿、竞争、摩擦和相互抵消的情况，甚至产生权利和义务的再分配效应——大国拥有更多自由选择参与某一或某些气候小联盟的权利；小国家会缺乏采取气候行动的激励，倾向“搭便车”。

（二）现状特点

以《京都议定书》为代表的原有气候治理体系，是一种发达国家“自上而下”的温室气体强制减排机制。首先，缔约方共同制定得到普遍认可的具有法律约束力的全球总体减排目标，然后制定分阶段目标和时间进程表，再分配到各缔约方承担各自的减排任务；同时通过市场机制的介入降低减排成本；此外，还制定了严格的温室气体排放核算、进度报告和核查制度以及相应的遵约机制。事实证明，从 1997 年开始原有气候治理体系在之后的近 20 年取得了不容忽视的减排成效，引领了世界低碳发展潮流，可再生能源产业、新能源技术成为经济危机中创造新经济增长点、扩大就业的新领域，同时也促进了减缓气候变化的国际合作。但是，学术界一直对《京都议定书》的减排效果和公平问题争论不休。

多方势力的气候谈判长年僵持不下，国际社会对探索一个公平且高效的国际新气候治理体系的呼声越来越高。终于在 2015 年，以《巴黎协定》为代表的新气候治理体系取代了以《京都议定书》为代表的原有气候治理体系，成为 2020 年后全球应对气候变化的行动指南。

1. “自下而上”的新机制

《巴黎协定》正式确立了以国家自主贡献机制为核心的全球应对气候变化制度的总体框架。国家自主贡献是指各缔约方基于平等原则、共同但有区

---

① Finus Michael. Game theoretic research on the design of international environmental agreements: insights, critical remarks, and future challenges [J]. *International Review of Environmental and Resource Economics*, 2008, 2 (1): 29 -67.

别的责任原则，综合各自具体国情和发展现状，为了实现到 21 世纪末全球平均温升控制在 2℃的目标、适应现在及将来气候变化带来的影响，而自主提出的减缓及适应目标，以及实现目标需要的实施手段，包括资金、技术和能力建设相关的信息，并且每五年通报一次国家自主贡献。该机制向来是美国提倡的，主要是依靠各个国家自主地提出自己应对全球气候变暖的方案和计划，共同实现整体的行动和目标。

“自下而上”模式的出现大大缓解了之前各主权国家不配合的状况，气候谈判有了新的进展，突破了传统责任分配的限制，有利于调动参与主体最广泛的积极性，充分发挥自身优势。该机制给予各缔约方充足的空间以充分考虑自身的实际情况和减排能力，增强应对气候变化的决心，利用道义心、国际形象等软约束制衡可能出现的行动疲软。另外，不同国家提出的各自目标和行动计划不尽相同，容易提供多方面的意见，有利于吸取各缔约方气候变化政策的精华和智慧。同时，该模式也存在难以避免的弊端。首先，虽然条款规定了自主决定贡献的共性框架，但是各国提交的文本仍存在显著差异，如具体目标阐述方式、覆盖的经济行业及温室气体范围、实施条件和公平性阐述等，降低了量化目标间的可比性，阻碍了目标的定量分析，也间接加大了气候谈判的工作量，减缓了谈判进度。其次，由于缺乏强制力约束，减排效果切实考验各方承诺的力度和可信度。研究表明，虽然《巴黎协定》的实施将有助于减少全球温室气体排放，但仍没有足够把握将温升控制在 2℃以内。①

2. 共同领导

新的气候治理机制虽然缓和了原本两个阵营的针锋相对，发挥了参与主体的主动性和灵活性，但是弱化了全球领导力，使各种集团和联盟的利益诉求更加多元化，关系更加错综复杂，原本就缺乏强制力的协定更加岌岌可危，也必然使减排效果大打折扣。未来可能形成欧洲、美国、中国为主的共同领导结构。

第一，欧盟早期一直在全球气候治理中扮演着发起者、推动者和领导

① J. Rogelj, et al. Paris Agreement climate proposals need a boost to keep warming well below 2 degrees [J]. *Nature*, 2016, 7609 (534): 631 - 639.

者等多重角色。欧洲科学家最早提出了很多气候变化领域的重要概念，使得欧共体及成员国掌握了话语权，并积极推动 IPCC 成立和《公约》谈判。欧盟成立后，在立法、减排行动、援助发展中国家、学术研究等方面都走在世界前列。直到 2009 年哥本哈根气候大会，欧盟由于过激的气候政策被孤立，其领导者地位受到动摇。之后，欧盟开始重视与新兴经济体的合作，大力推行气候外交，希望重回全球气候治理的中心，掌握道德制高点。2015 年在巴黎气候谈判的关键时刻，欧盟宣布与 79 个非洲国家、加勒比与太平洋国家（ACP）结成“雄心联盟”，并动用了 4.75 亿欧元，承诺开展国家气候行动以促进达成更具雄心的巴黎协议，呼吁联合国成员到 2050 年实现零排放，并努力推动在巴黎气候大会上将温控目标从 2℃变为 1.5℃。

但 2016 年以来，欧盟受困于多重危机——英国脱欧公投成功，意大利修宪公投遭否决，法国、荷兰极右势力一度猖獗等，这一系列事件标志着“逆全球化”风潮的开始。全球气候治理也受到冲击，发达国家已无力或不愿意继续承担越来越高昂的减排成本，于是国内保守主义主张贸易保护、贸易壁垒等政策。

现阶段，欧盟在气候问题上处在中美之间这一十分微妙的位置。一方面，欧盟充分认识到中国参与是全球气候治理成功的根本保障，在气候治理和环保领域与中国合作的意愿非常强烈；另一方面，在与美国争夺全球气候治理主导权上有些力不从心。欧盟关于气候治理与环保议题的主张既不同于美国的自由化议程，也不同于中国的“一带一路”倡议。因此，在新的气候治理体系中，欧盟有意扮演世界政治体系中生态领域“中间人”的角色，将中美都吸引到合理解决气候问题的框架之内，以此增强欧盟的国际话语权。

第二，美国作为排放大国，一直反对欧盟提出的协议法律化，反对强制减排，主张各自实施“国家战略”；美国的气候政策随总统的换届呈现非连续性，具有浓厚的政治特色。《巴黎协定》最终取代《京都议定书》，实则是美国的减排模式取代了欧盟的减排模式，使全球气候政策丧失了严格意义上的国际法与规范文本，只是各国参与全球气候治理与环境保护的意愿表达，给予了参与国非常宽泛的执行空间。即便如此，美国仍于 2017 年退出

《巴黎协定》，明确放弃追求全球气候治理的领导权。2021 年，拜登政府重树在全球气候治理领域的雄心，希望通过“绿色经济”创造就业岗位，并在清洁能源方面引领世界。但鉴于美国国内社会环境动荡与社会矛盾激化的状况，拜登的气候与环境政策选择仍将在联邦层面上受到严格限制。若拜登迎合欧盟现有低碳产业标准与碳排放标准取消对化石燃料的补贴，将可能面临激烈的政治反弹。因此，在新的气候治理体系中，美国虽然对全球减排进度有着重要影响，但是由于气候政策不稳定，降低了国际社会对其的信任度和依赖度。

第三，中国不仅积极参与全球气候治理，更在国内加紧制定法律法规，切实加快减排进程。中国早在 1992 年《公约》开放签署之时，就成为最早的 10 个缔约方之一；1994 年，在《中国 21 世纪议程》中首次提出适应气候变化的议题；1995 年，修正《大气污染防治法》；1998 年，签署《京都议定书》；2005 年，实施《可再生能源法》；2007 年，制定《中国应对气候变化国家方案》，发布《中国应对气候变化科技专项行动》；2008 年，中国代表团在第 14 次《公约》缔约方会议（COP14）上提出按照“人均累积 CO_2 排放”衡量，发达国家自工业革命以来以 25% 的人口占有全球 75% 的 CO_2 历史累计排放量，是中国的 7 倍；2009 年，在 COP15 上中国提出了到 2020 年的自主减排目标，即单位 GDP 的 CO_2 强度比 2005 年下降 40% ~45%，非化石能源比例提升到 15%，森林蓄积量增加 13 亿立方米等[①]；2011 年，发布《“十二五”控制温室气体排放工作方案》；2012 年，发布《节能减排“十二五”规划》；2013 年，发布《国家适应气候变化战略》；2014 年，发布《2014—2015 年节能减排低碳发展行动方案》和《国家应对气候变化规划（2014—2020 年）》；2015 年，在 COP21 提交《强化应对气候变化行动——中国国家自主贡献》，目标是 2030 年左右，CO_2 排放达峰，碳强度比 2005 年下降 60% ~65%，非化石能源比重达 20%，森林蓄积量比 2005 年增加 45 亿立方米等；2016 年，发布《“十三五”节能减排综合性工作方案》《能源生产和消费革命战略（2016—2030）》等。

① 中国碳核算数据库（China Emission Accounts and Datasets，CEADs）。

中国在 2017 年党的十九大报告中明确要求“推动构建人类命运共同体”，“引导应对气候变化国际合作，成为全球生态文明建设的重要参与者、贡献者、引领者”。[①] 同时，中国也在积极践行自己的气候承诺，统筹国际国内两个大局，扎实走出一条既符合中国国情又能适应全球挑战的可持续发展道路。

2020 年 9 月，中国在第七十五届联合国大会上提出：“中国将提高国家自主贡献力度，采取更加有力的政策和措施，二氧化碳排放力争于 2030 年前达到峰值，努力争取 2060 年前实现碳中和。”[②] 2021 年 3 月的国务院政府工作报告中指出，扎实做好碳达峰、碳中和各项工作，制定 2030 年前碳排放达峰行动方案，优化产业结构和能源结构。发达国家从达峰到中和多历时 50 年以上，而中国只限定了 30 年，因此需要付出艰苦努力，体现出中国减排的决心和诚意。

因此，对中国而言，面对全球气候治理领域领导力的更迭和分化，挑战与机遇并存。如果应对得当，将在全球气候治理中掌握更多的话语权，具有更大的国际影响力；如果目前不具备应对的能力，就要背负起沉重的减排成本和国际压力，打乱自身的发展节奏。

3. 参与主体多元化

除了各国政府坚持承诺外，一些非缔约方组织在近几次的气候大会中也在积极采取行动，如地方政府、企业、非政府组织等成为全球气候谈判的新的推动力量，它们更加积极自发地参与气候谈判及宣传教育活动，使更多的人、更多的地方政府意识到应对全球气候变化的重要性。

2017 年 COP23 期间，美国 15 个州的州长等政界代表都加入了非官方代表团，强烈表达了在联邦政府缺席下各州的行动意愿；花旗银行、耐克等大型企业也派代表参与了此次会议，汇丰银行宣布启动 1000 亿美元的全球绿色金融及投资计划。会场外，C40 城市气候领导联盟（C40 Cities Climate

---

① 决胜全面建成小康社会　夺取新时代中国特色社会主义伟大胜利——在中国共产党第十九次全国代表大会上的报告［EB/OL］. http：//politics. people. com. cn/n1/2017/1028/c1001 – 29613514. html，2017 – 10 – 28.

② 习近平在第七十五届联合国大会一般性辩论上的讲话（全文）［EB/OL］. http：//www. xinhuanet. com/politics/leaders/2020 – 09/22/c_1126527652. htm，2020 – 09 – 22.

Leadership Group）达成“全球气候与能源市长盟约”，其中的25个重要城市的市长承诺，到2050年各自城市的碳排放量净值降到零，并在2020年前将各自气候变化的计划和行动立法；来自美国石油、煤炭开采区域的居民参加了示威游行活动，强烈要求美国联邦政府重返《巴黎协定》；美国地方政府及企业界积极推进的“美国的承诺”组织发布第一份报告，详细描述了美国各州、城市、企业在应对气候变化方面的努力与行动。

（三）主要地区与国家的发展动态

1. 欧洲

首先，我们来梳理一下被认为在制定应对气候变化对策方面具有先导性作用的欧洲的情况。在2009年的欧洲委员会（EC）白皮书《适应气候变化：面向行动的欧洲框架》中，欧洲就将金融定位为应对气候变化的手段。此后，欧洲一直在探索利用金融手段应对气候变化的可能性。

欧洲为了探讨如何促进可持续金融的发展，设立了“可持续金融高级专家小组”（HLEG）。HLEG于2018年1月公布了题为“面向可持续欧洲经济的金融”的建议，欧洲委员会（EC）接受了该建议，于同年3月公布了由10个项目组成的“行动计划：面向可持续增长的金融”（以下简称“EC行动计划”）（见表1－1）。

表1－1　欧洲委员会（EC）行动计划概要

项目概要
（1）建立关于可持续发展活动的分类（经济活动分类标准）；
（2）绿色金融商品标准及标签的创立；
（3）促进可持续发展项目的投资；
（4）提供投资建议时对可持续发展要素的考虑；
（5）可持续发展基准的开发；
（6）可持续发展要素在评级和市场调查中的反应；
（7）明确机构投资者和资产运营公司的义务；
（8）健全性法规中可持续发展要素的考虑；
（9）加强可持续发展信息披露和制定会计规则；
（10）促进可持续公司治理，遏制资本市场的短期主义

资料来源：Plan，Action. “Financing Sustainable Growth.” European Commission. 8. 3. 2018 COM 97（2018）[EB/OL]. https：//finance. ec. europa. eu/publications/renewed－sustainable－finance－strategy－and－implementation－action－plan－financing－sustainable－growth_en，2018－03－08.

此后，在“欧洲绿色迪尔”行动计划以及新冠肺炎疫情大暴发的形势下，2020 年 4 月，欧洲国家以 EC 行动计划为基础进行了新一轮的协商，在这次协商中，欧洲国家除了加强可持续投资的基础和实现绿色投资的最大化以外，还广泛征询了“能否通过现有的健全性规定来充分确定气候变化给金融稳定带来的风险”“是否有必要将环境、社会和治理（ESG）风险纳入健全性规定”等关于健全性规定的意见。

此外，在碳定价方面，欧洲从 2005 年就开始引入欧洲碳排放权交易制度（EU-ETS）。作为欧洲整体而言，尽管没有引入碳税，但是有向能源热量单位征收的能源税，并设定了能源产品以及电费共同的最低税率。另外，在“欧洲绿色牌局”中，还有国境碳调整（CBAM）的引进。CBAM 是指，从欧洲以外的国家进口的商品，如果没有遵守与欧洲同等的 GHG 排放规定，则这些商品进口时需要征收额外关税的制度。通过引入该机制，欧洲的生产商和比欧洲管制更加宽松国家的生产商就可以处在同一水平的赛道。

在银行监管方面，欧洲央行（ECB）于 2020 年 11 月公布了《对气候变化风险管理和披露的监管期望》，就业务战略、治理、风险管理和披露框架提出了 13 个要求（见表 1 - 2）。此外，在同时公布的《金融机构关于气候相关和环境风险披露的报告书》（ECB，2020b）中，满足 ECB 期望的披露要求的金融机构只占整体的 3%，多数银行不能达到当局的期望水平。

其次，我们分别来看一看欧洲大陆主要国家在应对气候变化方面的具体情况。但是限于篇幅，仅仅关注欧洲部分国家应对气候变化的策略，如具有代表性的法国、德国以及荷兰的主要措施。

2019 年 11 月，法国修改了能源转移法，以在 2050 年之前实现碳中和为目标，同时确立了在 2022 年的目标，即实现火力发电脱碳和原子能发电比率在 2025 年之前从现行的 75% 削减到 50%（延期到 2035 年），并转向以原子能和可再生能源为核心的结构。[①]

---

① 2035 年前法国核电比例将降到 50% [EB/OL]. http://www.mofcom.gov.cn/article/i/jyjl/m/202004/20200402959984.shtml, 2020 - 04 - 28.

表1－2　欧洲中央银行（ECB）《对气候变化风险管理和披露的监管期望》

（1）理解气候风险的影响；
（2）对短—长期战略的反应；
（3）通过经营会议进行干预和监视；
（4）反映在风险磷灰石框架中；
（5）明确责任所在；
（6）向管理层的内部报告；
（7）纳入现有风险分类；
（8）纳入信用风险管理；
（9）纳入操作风险管理；
（10）纳入市场风险管理；
（11）压力测试情景分析的重新审视；
（12）纳入流动性风险管理；
（13）有意义的信息的公开

资料来源：Regulatory Expectations for Climate Change Risk Management and Disclosure [EB/OL]. European Central Bank（2020），https：//www. ecb. europa. eu/home/html/index. en. html，2020－11.

在德国，联邦政府2019年9月通过了“2030气候保护计划”。在电力构成方面，德国联邦政府宣布到2022年实现脱核能，到2030年实现可再生能源占全部能源的比例达到65%，2050年为80%。[①] 另外，关于碳定价，德国联邦环境厅宣布，将在建筑、交通运输部门引进排污权交易。欧洲排污权交易的改革在不断推进，到2030年，GHG排放量有望比1990年至少减少60%。

此外，在金融监管方面，除法国、德国外，荷兰也公布了与气候相关的金融风险治理、风险管理、信息披露等方面的指导和监管方针。此外，荷兰中央银行在世界上首次进行了气候变化压力测试。除此之外，法国中央银行也在研究利用央行绿色金融网络（NGFS）方案对气候相关风险进行压力测试，将银行监管中的气候相关风险具体化。

2. 英国

在全球共同应对气候变化的前期，英国和欧盟一样，一直主导制定应对气候变化的策略。英国在2018年的“绿色金融战略”中制定了零网络排放量目标，并于2019年6月首次宣布了自己的政策目标，即在2050年之前使二氧化碳的网络排放量降为零。

① 德国：新政府计划到2030年将可再生能源发电比例从当前设定的65%提高到80% [EB/OL]. https：//i. ifeng. com/c/8C0Hwd7TBTc，2021－12－15.

此外，英国在金融监管方面也采取了先进措施。根据《巴黎协议》，英格兰银行（BOE）于2019年宣布，从2021年开始以银行等机构为对象展开探索性情景测试（见表1－3），其目的是测量英国金融体系对气候变化风险的耐受性（由于新冠肺炎疫情的爆发，实施延期）。

表1－3　BOE的探索性场景测试概要

对象	大型银行、大型保险公司
期间	30年间
目的	测量英国金融系统对气候变动风险（资产价值变动等）的耐受性，鼓励行业做出响应
假设情况	假设全球变暖对策有：（1）提前实施；（2）延迟实施；（3）完全不采取对策3种情况

资料来源：An Overview of Exploratory Scenario Testing for BOE［EB/OL］. Bank of England（2019），https：//www. bankofengland. co. uk，2019－08.

2019年，金融行为监管机构（FCA）和健全性监管机构（PRA）设立英国气候金融风险论坛（CFRF），并于2020年6月发布了面向金融部门的应对气候相关金融风险的指南。该指南分为①风险管理（风险治理、风险管理体制等）、②方案分析、③披露、④创新4个章节，分别提出了实际建议，支持将气候相关金融风险纳入金融风险管理决策。

此外，英国决定将气候变化相关财务信息披露工作组（Take Force on Climate-Related Financial Disclosures，TCFD）的公开建议[①]法制化，规定到2025年为止，上市公司需要按照TCFD公开建议进行改正。关于碳定价的实施，英国以2001年达成的《京都议定书》为根据进行碳税的征收，包括对产业部门的能源消费征收气候变动税（Climate Changelevy，CCL）以及对发电燃料征收的税（Carbon Price Support Rates，CPS）。

3. 美国

2017年6月1日，特朗普表达退出《巴黎协定》的意向，随后美国于2020年11月4日脱离《巴黎协定》。但是2020年美国总统大选的结果是提出

① 投资者在进行财务上的决策时，需要理解气候相关风险和这些风险如何影响未来的现金流和资产负债，需要考虑可能受气候变动风险影响的企业项目。另外，可以进行情景分析，列举气候变化将来可能对企业事业产生的超长期（数十年）影响。

回归《巴黎协定》的民主党人拜登当选，于是2021年，美国回归《巴黎协定》。

2020年9月，美国商品期货交易委员会（CFTC）市场风险咨询委员会下属的气候相关子团体在一份题为《美国金融体系中的气候风险管理》的报告中提出，气候变化会给美国金融体系的稳定和美国经济的持续发展带来巨大风险，并向所有相关的联邦金融监管当局表示应当将气候相关风险纳入现有的监管体系（见表1-4）。预计今后，CFTC以外的当局也会推进关于如何应对气候变化带来的金融风险进行监督的研究。

表1-4　《美国金融系统中的气候风险管理》的构成

第1章	面对气候变化的金融介绍
第2章	美国的物理风险和转移风险
第3章	气候变化在美国金融系统中的应用
第4章	金融监管当局现有的权力和建议
第5章	气候风险管理和数据详细信息
第6章	气候方案详细信息
第7章	气候风险披露详情
第8章	关于向网络零转移的财务详情

资料来源：Climate Risk Management In the U. S. Financial System. [EB/OL]. U. S. Commodity Futures Trading Commission.（2020），https：//www. cftc. gov/，2020-09.

另外，关于联邦级碳定价的动向，拜登提出对从环境限制较为宽松国家进口的商品征收额外税的调整措施，并表现出积极引进碳税的态度，由此推测美国联邦政府今后将加速制定与碳定价相关的措施。

4. 日本

日本政府根据2016年的《巴黎协定》，出台了“全球变暖对策计划”和“基于《巴黎协定》的成长战略的长期战略”等各种政策。其中，长期目标是截至2050年能够削减80%的GHG排放量。

但是，2020年10月，内阁总理大臣宣布2050年前以实现碳中和为目标。在同年12月召开的政府发展战略会议上，2050年伴随碳中和的绿色增长战略被公布，其中还展示了金融行业能够在其中发挥的作用。同时，关于碳定价，将加强现有制度并制定新的制度，包括碳排放量交易、碳税和边境调整措施等。

5. 新西兰

2020年9月，新西兰政府宣布将进行世界上首次基于TCFD建议的信息公开化。预计到2023年，以新西兰证券交易所的所有上市企业以及资产10亿新西兰元以上的银行、保险公司、运营公司为主要对象，采用“合规或预乘”的形式进行信息披露。

此外，关于新西兰的碳定价动向，从2008年开始引入了以林业领域为主要限制对象的碳排放权交易系统（Emission Trading System，ETS）。这是因为在新西兰，与钢铁等产业相比，林业才是主要的产业，所以有了立足于这种结构的限制。

三、中国“3060”双碳目标的提出及相关政策的出台

（一）“3060”双碳目标

2020年9月22日，国家主席习近平在第七十五届联合国大会一般性辩论上表示，中国将提高国家自主贡献力度，采取更加有力的政策和措施，二氧化碳的碳排放力争于2030年前实现碳达峰，努力争取到2060年前实现碳中和（“3060”双碳目标）。2021年3月15日，习近平总书记主持召开中央财经委员会第九次会议，其中一项重要议题就是研究实现碳达峰、碳中和的基本思路和主要举措，会议指明了“十四五”期间要重点做好的七个方面工作。[①] 这次会议明确了碳达峰、碳中和工作的定位，尤其是为今后5年做好碳达峰工作谋划了清晰的“施工图”。

2021年10月24日，中共中央、国务院印发《关于完整准确全面贯彻新发展理念做好碳达峰碳中和工作的意见》（以下简称《意见》）。作为碳达

---

① 七个方面的工作是：要构建清洁低碳安全高效的能源体系，控制化石能源总量，着力提高利用效能，实施可再生能源替代行动，深化电力体制改革，构建以新能源为主体的新型电力系统。要实施重点行业领域减污降碳行动，工业领域要推进绿色制造，建筑领域要提升节能标准，交通领域要加快形成绿色低碳运输方式。要推动绿色低碳技术实现重大突破，抓紧部署低碳前沿技术研究，加快推广应用减污降碳技术，建立完善绿色低碳技术评估、交易体系和科技创新服务平台。要完善绿色低碳政策和市场体系，完善能源“双控”制度，完善有利于绿色低碳发展的财税、价格、金融、土地、政府采购等政策，加快推进碳排放权交易，积极发展绿色金融。要倡导绿色低碳生活，反对奢侈浪费，鼓励绿色出行，营造绿色低碳生活新时尚。要提升生态碳汇能力，强化国土空间规划和用途管控，有效发挥森林、草原、湿地、海洋、土壤、冻土的固碳作用，提升生态系统碳汇增量。要加强应对气候变化国际合作，推进国际规则标准制定，建设绿色丝绸之路。

峰碳中和“1+N”政策体系中的“1”，《意见》为碳达峰、碳中和这项重大工作进行系统谋划、总体部署。根据《意见》，到2030年，经济社会发展全面绿色转型将取得显著成效，重点耗能行业能源利用效率达到国际先进水平。到2060年，绿色低碳循环发展的经济体系和清洁低碳安全高效的能源体系全面建立，能源利用效率达到国际先进水平，非化石能源消费比重达到80%以上。

（二）政府财政、货币金融以及产业与科技政策

2021年3月7日，中国人民银行（央行）发布消息，全国政协委员、经济委员会副主任、央行副行长陈雨露在接受《金融时报》采访时表示，为助力实现碳达峰、碳中和战略目标，落实党的十九届五中全会和2020年底中央经济工作会议有关精神，人民银行认真组织开展了一系列研究，初步确立了“三大功能”“五大支柱”的绿色金融发展政策思路。

所谓“三大功能”，主要是指充分发挥金融支持绿色发展的资源配置、风险管理和市场定价三大功能。一是通过货币政策、信贷政策、监管政策、强制披露、绿色评价、行业自律、产品创新等，引导和撬动金融资源向低碳项目、绿色转型项目、碳捕集与封存等绿色创新项目倾斜。二是通过气候风险压力测试、环境和气候风险分析、绿色和棕色资产风险权重调整等工具，增强金融体系管理气候变化相关风险的能力。三是推动建设全国碳排放权交易市场，发展碳期货等衍生产品，通过交易为排碳合理定价。

要发挥好这“三大功能”，有必要进一步完善绿色金融体系“五大支柱”。

一是完善绿色金融标准体系。绿色金融标准体系加快构建。中国人民银行遵循“国内统一、国际接轨”原则，重点聚焦气候变化、污染治理和节能减排三大领域，不断完善绿色金融标准体系。目前，绿色金融统计制度逐步完善，多项绿色金融标准制定取得重大进展，中欧绿色金融标准对照研究工作即将完成，为规范绿色金融业务、确保绿色金融实现商业可持续性、推动经济社会绿色发展提供了重要保障。

二是强化金融机构监管和信息披露要求。持续推动金融机构、证券发行人、公共部门分类提升环境信息披露的强制性和规范性。中英金融机构气候

与环境信息披露试点工作不断推进，试点经验已具备复制推广价值。中国人民银行组织研发的绿色金融信息管理系统，实现了监管部门与金融机构信息直连，提升了绿色金融业务监管的有效性。

三是逐步完善激励约束机制。通过绿色金融业绩评价、贴息奖补等政策，引导金融机构增加绿色资产配置、强化环境风险管理，有利于提升金融业支持绿色低碳发展的能力。

四是不断丰富绿色金融产品和市场体系。通过鼓励产品创新、完善发行制度、规范交易流程、提升透明度，我国目前已形成多层次绿色金融产品和市场体系，下一步将继续推动产品创新和市场稳健发展。

五是积极拓展绿色金融国际合作空间。在绿色金融国际合作方面，我国积极利用各类多双边平台及合作机制推动绿色金融合作和国际交流，提升了国际社会对我国绿色金融政策、标准、产品、市场的认可和参与程度。[①]

实现双碳目标是党中央综合国际局势和国内经济社会发展阶段作出的重大战略决策，事关中华民族永续发展和构建人类命运共同体，是国家重大战略，而不是地方、区域战略，更不是行业、部门战略，不应该也不允许各地、各部门随意“自由发挥”。当前的工作至少应考虑四个方面：一是对标碳达峰、碳中和目标要求，进一步深化和完善绿色金融体系；二是有序开展气候风险压力测试，前瞻性应对气候变化可能带来的金融稳定问题；三是不断强化碳市场功能，运用金融的力量推动碳定价机制建立完善并高效运行；四是加强财政政策与货币政策的协同配合，有效形成政策合力。

（三）碳市场建设：市场培育、企业碳管理与机构投资者

全国碳市场建设是一个复杂的系统工程，在我国试点碳市场的基础上，全国碳排放交易体系于2017年底启动建设，目前制度体系已初步形成，交易规模逐渐扩大，市场流动性有所提升。以实现碳达峰、碳中和目标为引领，全国碳市场正在稳步推进、发展壮大。总量目标在碳排放控制中具有最基本的锚定作用，是减排政策制定、实施、评估的主要依据。建议充分考虑

① 陈雨露：绿色金融“三大功能”“五大支柱”助力碳达峰碳中和［EB/OL］. 人民网，http：//finance. people. com. cn/n1/2021/0307/c1004－32044837. html，2020－03－07.

2030 年前碳达峰和 2060 年前碳中和的要求和产业的承受力及竞争力，合理控制能源消费总量和能耗强度，并在全国碳市场初期碳排放强度控制的基础上，统筹建立碳排放总量控制制度。

随着双碳目标的进一步落地，全国碳市场建设逐步进入“深水区”，亟待进一步的探索和升级。结合国内外市场建设经验，全国碳市场仍需从顶层设计、市场体系、交易机制等方面深化推进各项工作，充分发挥上海国际金融中心服务辐射功能，加快打造具有国际影响力的碳交易中心、碳定价中心、碳金融中心。把碳达峰、碳中和目标纳入生态文明建设整体布局，是以习近平同志为核心的党中央统筹国内国际两个大局作出的重大战略决策，是一场广泛而深刻的经济社会系统性变革，事关中华民族永续发展和构建人类命运共同体。作为一项推动实现双碳目标的重要政策工具和重大制度创新，全国碳排放权交易市场（全国碳市场）以市场机制为手段，着力控制和减少温室气体排放，推进绿色低碳发展。全国碳市场已于 2021 年 7 月 16 日正式启动交易，目前运行平稳有序。总体来看，作为全球覆盖温室气体排放量规模最大的碳市场，全国碳市场目前仍处于起步阶段，在逐步深化全国碳市场建设的过程中，需要通过更长时间的政策实践、更大范围的市场探索和主体参与，进一步服务双碳战略目标，为中国如期实现双碳承诺贡献力量。因此，在碳市场建设过程中要考虑以下三方面问题：

1. 碳市场建设中的市场培育

目前我国碳市场建设已经构建了较完整的市场体系框架，具体如下：

（1）法律基础。

在正式实施碳排放权交易前，需在法律层面明确碳排放权法律属性与财务属性、碳排放权交易体系相关方的权利与责任、碳市场规则，同时需对测量、报告、核查碳排放数据的方式方法进行规定。良好的法律基础为碳市场机制的设计和实施提供保障，是碳市场有效运行的基础，国际上大部分碳排放权交易体系拥有明确、详细且完备的法律体系，例如欧盟碳市场。

（2）基础框架设计。

碳市场规则的设计，包括 5 个要素：

①体系排放上限的设计。

体系排放上限的设计指政府需明确不同时间范围内整个碳排放权交易体

系总排放量的大小，以便最终实现减排目标。只有对总排放量进行限制，碳排放权的稀缺性才能体现，由此才能激励企业做出减排选择，同时碳排放权的价值才能在交易中体现。

排放上限的计算包括两种方法：

第一，基于实际排放量，即根据过往历史排放量的绝对数据、按一定递减规律确定某年碳排放的上限。

第二，基于排放强度数据，即根据减排情景下的碳排放强度数据（例如单位 GDP 二氧化碳排放量，单位产出二氧化碳排放量等，减排情景中一般会设置比实际排放强度数据小且会按一定频率进行修正）、按某年实际 GDP 或产出数据进行计算，得到某年碳排放量的上限。

一般来说，当前排放上限的最终确定需要同时从宏观和微观层面进行考虑。宏观层面上，考虑碳排放权交易体系与其他碳减排政策是否有冲突，以及当前实施的减排政策工具包是否是完成总体减排目标的高效路径；微观层面上，则需要考虑覆盖的行业及企业的减排成本、减排潜力、未来发展路径。

②体系覆盖范围的设计。

主要包括两个层面：

第一，将哪些行业、哪些企业纳入碳排放权交易体系的控排范围。

第二，将哪些温室气体纳入控排范围。

前者需要分别从行业到企业，考虑实际排放量占比、减排潜力、减排成本差异性、排放数据获取的难易程度和准确性以及实际监管的难易程度等；后者则主要从行业的排放特征上进行考虑。

一般来说，范围越大意味着减排差异越大，碳市场会相对更活跃，减排潜力也会增加，但同时也会给监管带来压力。

③配额初始分配。

配额初始分配即政府在确定了某阶段碳排放量上限后，将在一级市场给纳入体系覆盖范围的企业进行初始配额分配，如何分配、分配多少都是政治性很强的问题。

配额初始分配机制的设计需要从配额分配方式（如何分配）和初始配额计算方法（分配多少）上进行明确。

配额分配方式主要包括免费分配、拍卖分配以及这两种方式的混合使用。

初始配额计算方法则主要包括历史排放法、历史碳强度下降法、行业基准线法。

④MRV 机制。

由于在遵约期需要判断控排企业是否完成了其减排义务，故需要设计 MRV 机制，指碳排放的量化与数据质量保证的过程，包括监测（monitoring）、报告（reporting）、核查（verfication）。

即明确不同行业企业如何检测和计算自身二氧化碳排放，企业如何上报排放数据给监管机构，监管机构如何对企业上报数据进行核查，第三方核查公司基于何种方式方法判断企业上报数据的准确性和有效性等。

⑤遵约机制。

遵约机制指如何评估企业是否完成了其减排义务以及若企业未完成减排义务时有何种惩罚措施。

一般企业只要在遵约期结束时上缴与其碳排放量相同的碳配额，则认定其已完成减排义务；为确保惩罚措施落地，一般需要明确在法律文件中。

遵约期与交易期的设计：

遵约期是指从配额初始分配到体系覆盖控排企业向政府上缴配额的时间。通常为一年或几年，若时间设置较短，则减排效果在短期内即可体现，若时间设置较长，则有利于控排企业在一定时间范围内合理、灵活地安排其减排措施，减少碳价波动。

交易期是指市场规则稳定不变的一段时间范围。国际碳市场上的做法一般为设置由短递增的交易期，并在下一交易期开始前基于前期经验对下一期的规则进行调整和更新。

例如，欧盟碳市场当前已经历三段交易期，分别为第一阶段（2005 ~ 2007 年，3 年），第二阶段（2008 ~ 2012 年，5 年），第三阶段（2013 ~ 2020 年，8 年），当前处于第四阶段（2021 ~ 2030 年，10 年），每阶段的碳市场规则均有更新。

（2）相关制度安排。

除了控排企业外，对于相关制度的安排主要包括 4 个要素：登记注册系统与交易平台、市场监管的设计、金融机构的参与。

登记注册系统与交易平台。这两个要素是各方参与碳交易市场的线上基础设施，登记注册系统为各类市场主体提供碳配额账户设立、碳排放配额以及核证自愿减排量的法定确权及登记服务，并进行配额清缴及履约管理。交易平台为各类市场主体提供在线达成碳配额交易的平台，一般针对客户不同的交易需求会有不同的交易产品和功能。2011 年初，欧盟奥地利、波兰、希腊等成员国的国家注册系统曾遭到黑客入侵，约值 2 870 万欧元的 200 万碳排放额被盗①，因此两个系统对数据、网络的安全性要求很高。

市场监管的设计。一般包括对监管机构、监管对象、需监管的环节的确定以及监管机构职责的划分，此外还包含对监管内容、流程、规则的约定等。由于碳排放权本身具有标准化、虚拟化、数字化的特征，且碳排放权私有化本身依靠法律政策的设定，因此市场监管尤为重要。

金融机构的参与。由于碳排放权具有一定商品属性和金融工具属性，因此金融机构的参与是必要的，金融机构的加入可为碳交易市场的流动性提供支撑，它可以通过碳基金理财产品、绿色信贷、信托类碳金融产品、碳资产证券化、碳债券、碳排放配额回购等方式参与碳交易。

（3）调控政策。

碳市场是一个政策市场，为了防止碳价暴涨暴跌、落实减排目的，政府需要对碳市场进行适当调控，主要包括 4 个要素：

①价格调控机制。

价格调控机制一般指为了维护碳价稳定，政府会考虑使用价格调控手段。例如，规定一二级市场碳价上下限、政府公开市场操作、控制碳价涨跌幅等，以修正由于配额总量设置、配额初始分配上的不合理带来的碳价扭曲。随着整体政策及规则制定上的完善，“政府之手”会逐渐向后收回。

②税费制度的设计。

税费制度的设计，即对碳排放权交易相关的会计处理、税务处理等进行规范，以保障企业交易后续工作正常进行。

---

①　黑客盗 3 亿排放额　欧盟碳交易停一周［EB/OL］. 中国新闻网，https：//www.chinanews.com.cn/cj/2011/01－21/2803233.shtml，2011－01－21.

③排放配额的存储。

排放配额的存储是指政府一般会明确碳配额可否跨期使用。碳配额存储，是指企业将现有的碳配额留存到下一遵约期（或交易期）进行使用。碳配额预借，是指企业将未来遵约期（或交易期）的碳配额预支到本遵约期（本交易期）进行使用。允许碳配额存储会刺激减排成本低的企业尽早地、尽多地减排，有利于稳定碳价，但需对未来配额总量进行预测及调整。允许碳配额预借则给当前减排难度大的企业提供了缓冲期。

④链接与抵消机制的设计。

链接机制，是指不同碳交易市场的链接，简单来说，即确定不同碳市场碳配额之间的兑换规则。链接机制还可能包括更广泛的内容，例如，规则机制上、监管层面上的相适应等，这取决于碳交易市场链接的深度与广度，碳市场的链接有利于减少碳泄露。

抵消机制，是指控排企业除了可以使用普通的碳配额进行履约外，还可以购买碳信用配额抵消一部分碳排放。碳信用配额一般来自未被碳交易覆盖的企业实施的节能减排项目，这些项目经过不同碳信用机制的核验、认证（通常不同碳信用机制不允许重复核证），最终获得一定碳信用配额可在碳市场中进行交易。

2. 碳市场建设中的企业碳管理

目前全国性的碳排放市场只纳入了电力行业，预计未来会逐步纳入更多的排放企业。此外，未来全国碳权交易市场可能将在不同的地方试点不同品种，比如在广州试点碳权期货、在北京试点核证自愿减排量（CCER），全国性碳权市场未来的交易标的将不仅仅局限在碳排放权。我国实仓刚刚处于起步阶段，而欧洲已经有 17 年的实践，可以看到，目前中国实仓交易的只是碳排放权，而这一碳排放权截至 2022 年主要以政府免费发放为主。但是，欧盟的碳排放配额是有偿竞价。因此，企业要将“碳管理”纳入日常的经营管理之中，让低碳可持续发展从指标、报告层面，走向日常生产管理的方方面面，走向实际行动。在制度方面，将“碳管理”融入企业发展战略，由公司高层作为小组领导成员，对企业的低碳工作进行统一规划，高站位推动绿色转型；在管理方面，层层分解低碳战略，将减排任务落实到各部门、各业务环节、各产品线，建立起全方位的“碳管理”体系，并将减排目标纳入部门负责人考核体系，设置环境关键绩效指标，提高内部各运营环节减排积极性，保障“碳管理”有效实施；在资源配置方面，增加低碳技术研发方面的投入，通过改进生产工艺路线、升级碳回收技术等手段主动减排，同时积极运用绿色金融工具，减轻企业资金运转压力。

3. 碳市场建设中的机构投资者

基于投资需求，机构投资者在碳市场的交易频率较高，对市场价格信号的反应也较为灵敏，对于活跃碳市场有着不可替代的作用。全国碳市场正积极推进，把合格的机构投资者纳入全国碳市场中。投资机构纳入市场后会增加市场的多样性，也势必会对碳市场管理提出更高的要求。在目前的制度设计中，对风险控制以及市场可能出现的异常行为，甚至违规、违约行为，都已建立了相应的制度体系。结合试点碳市场的经验，相信将投资机构纳入后，应该能够确保全国碳市场的安全平稳运行。在操作方面，目前在地方碳市场的试点阶段，已经积累了一些经验。比如，交易所曾在试点市场上推出借碳交易、买入回购交易等产品。全国碳市场也将根据企业的需求逐步推出类似产品。对于全国碳交易市场纳入机构投资者的计划，兴业银行首席经济学家、华福证券首席经济学家鲁政委认为，引入机构投资者确实能完善碳交易市场，完善交易价格，促进交易市场健康运行。但是目前我国碳交易市场的规模比较小，纳入的行业比较单一，还需要进一步扩大市场规模，完善配额发放机制。

（四）非官方组织与机构在行动

要想将双碳目标付诸实践，与非官方组织及机构的合作也是必不可少的。其中，具有代表性的是联合国环境规划署金融倡议机构（UN Environment Program Finance Initiative，UNEP FI）。UNEP FI 由联合国环境规划署（UNEP）发起，通过与全球金融部门之间建立合作伙伴关系，为全球可持续发展调动私营部门资金。UNEP FI 与 350 余家成员单位（包括银行、保险公司和投资机构）以及 100 多家支持机构合作，致力于帮助金融部门在为人类和地球服务的同时产生积极影响。UNEP FI 自 1992 年成立以来，一直与金融机构、政策制定者、监管机构合作，大力支持将经济发展和对环境、社会及治理（ESG）的重视统一起来的金融体系，通过发挥联合国的作用，推进可持续金融的发展。

在 TCFD 提出要将气候变化分析相关课题的解决和世界大型金融机构或咨询公司联系起来的背景下，2019 年 9 月，联合国环境规划署金融倡议组织牵头且由中国工商银行、花旗银行、巴克莱银行、法国巴黎银行等 30 家银行组织的核心工作小组共同制定了《负责任银行原则》（Principles for Responsible Banking，PRB），旨在帮助银行与联合国可持续发展目标和《巴黎协定》所倡议的社会目标保持一致，有效发挥作为金融中介的关键作用，推动气候行动和可持续发展。

《负责任银行原则》要求签署银行将一致性、影响、客户、利益相关方、公司治理、透明与责任六条基本原则嵌入所有业务领域，并通过执行指引等一系列文件，明确签署银行的发展战略和业务经营应与联合国 2030 年可持续发展议程及《巴黎协定》相适应，是商业银行推动可持续发展的重要国际标准。截至 2021 年 10 月，全球超过 250 家银行签署了《负责任银行原则》，合计资产规模占全球银行业资产总规模的 40% 以上[①]《负责任银行原则》通过签名，明确银行应履行的职责和责任，设定并公布实现该目标的方法，并定期公布进展情况。

例如，在国内，2019 年，中国工商银行、兴业银行、华夏银行率先成为首批签署行。截至 2021 年 10 月，包括中国工商银行、中国农业银行、中国银行、中国邮储银行、兴业银行、华夏银行、恒丰银行、九江银行、四川天府银行、江苏银行、江苏紫金农商银行、青岛农商银行、重庆三峡银行、吉林银行、安吉农商行在内的共 15 家中国的商业银行签署了《负责任银行原则》[②]。

其中，九江银行在 2020 年成为国内城商银行中首家签署《负责任银行原则》（见表 1－5）的银行，承诺将可持续发展目标（SDGs）和《巴黎协定》相关内容，融入自身发展战略、资产结构和产品服务当中，并通过有效的公司治理和负责任的企业文化来履行这些承诺。九江银行举全行之力发展绿色金融，持续研发绿色金融产品，先后推出全国首个“绿色票据”研

① 农行签署联合国《负责任银行原则》[EB/OL]. 中国银行保险报网，http://xw.cbimc.cn/2021-10/20/content_412991.htm，2021-10-20.

② 周俊涛. 如何做一家负责任的银行？——负责任银行原则解读，应用现状及未来发展 [J]. 可持续发展经济导刊，2021（11）：22-25.

究成果支持绿色小微，推出全国首款“拉手理财”“绿色家园贷”支持绿色环卫，启动全国首个绿色融资租赁平台——“绿色银赁通”助力企业绿色转型，推出“线上智慧富农贷”和“光伏惠农贷”积极践行普惠金融；不断加大绿色信贷投放，截至2019年末，绿色信贷余额达90.02亿元，较年初增长59.99亿元，增幅达199.77%，近三年绿色信贷复合增长率达358.70%[①]；同时，加强多方联动合作，成为全国首个加入香港绿色金融协会的城商行，联合发起成立江西省首个绿色金融研究院——“赣江绿色金融研究院”，与江西省生态环境厅、江西省碳排放权交易中心签订战略合作协议。2021年8月23日，吉林银行签署联合国《负责任银行原则》正式加入联合国环境规划署金融倡议（UNEP FI）。2021年10月，中国农业银行也正式签署联合国《负责任银行原则》，旨在继续贯彻绿色转型发展的重要精神，大力支持绿色金融高质量发展，推动实现联合国可持续发展目标，为构建人和自然生命共同体贡献金融力量。

表1-5　《负责任银行原则》具体内容

原则	具体内容
(1) 一致性	签署行承诺确保业务战略与联合国可持续发展目标（SDGs）、《巴黎协定》以及国家和地区相关框架所述的个人需求和社会目标保持一致
(2) 影响	签署行承诺不断提升正面影响，同时减少因银行的业务活动、产品和服务对人类和环境造成的负面影响并管理相关风险
(3) 客户	签署行承诺本着负责任的原则与客户和顾客合作，鼓励可持续实践，促进经济活动发展，为当代和后代创造共同繁荣
(4) 利益相关方	签署行承诺将主动且负责任地与利益相关方进行磋商、互动和合作，从而实现社会目标
(5) 公司治理	签署行承诺将通过有效的公司治理和负责任的银行文化来履行银行对这些原则的承诺
(6) 透明与责任	签署行承诺将定期评估签署行个体和整体对原则的履行情况，公开披露银行的正面和负面影响及其对社会目标的贡献，并对相关影响负责

资料来源：The Principles for Responsible Banking. United Nations Environment Programme Finance Initiative (2019) [EB/OL]. https://www.unepfi.org/banking/more-about-the-principles/, 2019-09.

① 九江银行签署联合国《负责任银行原则（PRB）》[EB/OL]. 中国金融信息网，https://www.cnfin.com/bank-xh08/a/20200516/1937267.shtml，2020-05-16.

由智利和西班牙共同主办的第25次《公约》缔约方会议（COP25）已于2019年12月2日在西班牙马德里正式开幕。由中国国际非官方组织合作促进会（简称“民促会”）、世青创新中心联合主办的边会——民间机构参与气候治理故事于12月13日在马德里举行。本次边会专注于探讨非官方组织参与减缓和适应气候变化的最佳方式，来自不同地区的代表们分享了各个区域民间机构参与气候变化的故事，探讨非官方组织如何参与气候治理。

关于推动绿色消费方面。中国连锁经营协会（CCFA）有着众多的连锁经营商，在推动绿色消费可持续发展方面走出了自己的道路。最近，他们和碳管理软件和咨询服务商“碳阻迹”合作研发出一套为众多零售企业使用的会员体系，在这套体系里，每个消费者的消费行为和相应的碳排放都会被记录下来，理想的模式是会员们通过低碳消费行为获得积分并兑换奖励。CCFA通过每年举办的“绿色可持续消费宣传周”这一公益活动，积极响应政府推动绿色消费的号召，带领连锁企业参与公众教育与宣传，充分发挥连锁企业上联供应商、下联消费者的独特优势，所开展传播的方式主要分为两层：一端通过连锁门店，推广绿色可持续的认证标识产品，让消费者在购买过程中提升负责任消费意识与理念；另一端走进社区，与相关机构合作，引导绿色生活方式的认知与实践。同时也致力于推动零售企业实施绿色采购，提升绿色供应链建设的工作。

林业碳汇和社区可持续发展都是云南省绿色环境发展基金会应对气候变化的重要工作。早在2005年，云南省首个清洁发展机制小规模再造林景观恢复项目便在腾冲启动实施。该项目是一个实现森林生境恢复，吸收二氧化碳温室气体，造林富民三重效益的碳汇项目。2012年，项目获得的部分碳汇收益在云南省绿色环境发展基金会的主持下，直接以赠款的形式回馈到了参与项目的社区和农户手中。2016年，云南省绿色环境发展基金会又受云南省林业和草原局的委托，承担了云南省发展和改革委员会森林经营碳汇示范项目的开发工作，选择腾冲为示范点。有了前期林业碳汇项目的铺陈，2018年，在中国香港恒生银行和中国香港长春社[①]的支持下，云南省绿色环

① 中国香港长春社是民间环保组织，成立于1968年，是中国香港成立最早的环保团体。民间机构参与气候治理故事［EB/OL］. 中国日报中文网，https：//cn. chinadaily. com. cn/a/201912/14/WS5df465e9a31099ab995f1864. html，2019－12－14.

境发展基金会、腾冲市林业和草原局、高黎贡山国家级自然保护区腾冲分局、芒棒镇人民政府共同合作，在高黎贡山国家级自然保护区周边的芒棒镇横河、大蒿坪 2 个自然村实施了为期一年半的“腾冲市芒棒镇低碳生态示范村项目”，共涉及 3 个村民小组 114 户农户，项目共投入资金 323 万元[①]。该项目旨在降低保护区周边社区居民对自然环境的依赖性，尤其是对薪柴的利用，通过能源替代，让原住民参与到减缓气候变化的进程中。具体包括放弃土灶改用节柴灶、充分利用太阳能设备，这样一来，既减少了村民的能源开支，也减少了大气碳排放。

① 中国民间应对气候变化行动故事［EB/OL］. https：//www. efchina. org/Attachments/Report/report-comms－20210717/中国民间应对气候变化行动故事集－腾冲故事 . pdf，2017－07－17.

双碳目标下中国银行业面临的气候风险

正如气候相关财务信息披露工作组（TCFD）所指出的，气候变化不仅会导致灾害的发生，还会通过银行机构为适应气候变化和向脱碳社会过渡等采取的措施影响其财务状况。按照银行业的传统风险分析框架，气候变化可能通过影响抵押资产价值、家庭财富以及企业的经营偿债能力等影响银行经营和金融体系，带来气候风险。但同时气候变化对于金融体系的影响是风险和机遇共存的。特别是缓释和适应气候变化影响的努力，也将为商业银行这样的企业或组织创造更多机遇。例如，提高资源效率和节约成本、采用低排放能源、开发新产品和服务、进入新市场，以及建立起供应链的韧性。当然，气候变化相关的机遇将因银行所经营的地区、市场和行业而产生差异。

如图2－1所示，风险和机遇对银行业产生的财务影响将主要在损益表、现金流量表和资产负债表中反映出来。一方面，气候变化可以从资产利用率以及市场等多个角度给银行业带来新的发展机遇。另一方面，气候变化给银行业带来的风险主要体现为物理风险和转型风险。通常，我们把这种能够给银行业带来潜在的显著影响，并且与气候相关的风险大致分为两大类：一是由于气候变化导致资产产生直接或间接损失的风险，即物理风险；二是企业通过技术升级、产业调整等方式向低碳企业过渡过程中产生的风险，即转型风险。物理风险和转型风险传导至金融体系中，还可以进一步表现为信用风险、市场风险、流动性风险和操作风险（见表2－1）。

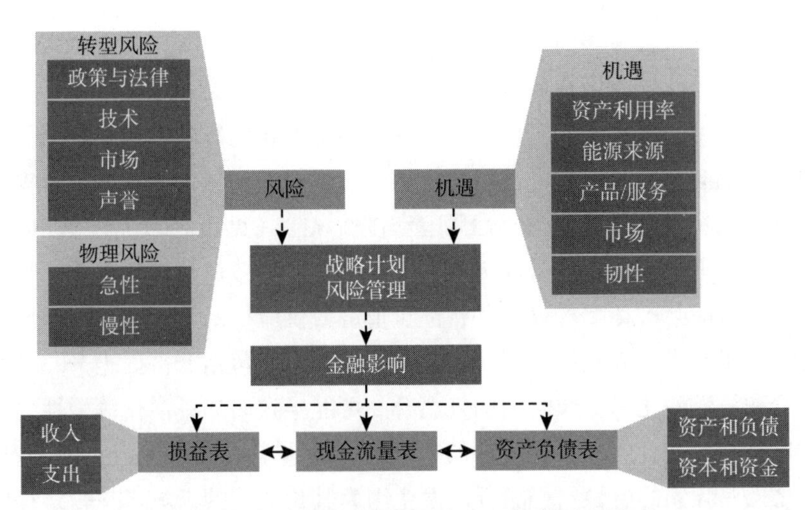

图 2－1　与气候相关的风险与机遇及其财务影响

注：气候变化韧性指的是各组织发展应对气候变化的适应能力，以更好地管理相关风险并抓住机遇，其中风险包括物理风险和转型风险，机遇包括提高效率、设计新的生产流程和开发新产品等。与韧性相关的机遇对拥有长期固定资产或庞大的供应或分销网络的组织、严重依赖公用设施和基础设施网络或在其价值链中严重依赖自然资源的组织、可能需要长期融资和投资的企业特别重要。

资料来源：*Recommendations of the Task Force on Climate-related Financial Disclosures*, P. 8 TCFD, 2017, https: //assets. bbhub. io/company/sites/60/2020/10/FINAL－2017－TCFD－Report－11052018. pdf, 2017－06.

表 2－1　　气候变化带来的主要金融风险

气候风险	概要
信用风险	气候风险降低了借款人的偿还能力，提高了违约概率和违约损失率。另外，担保资产的减值也会增加信用风险
市场风险	伴随着气候变化下大量资产转变为滞留资产，投资者对金融资产收益性的认识发生了变化，市场价值的损失导致资产抛售，金融危机有可能发生
流动性风险	受信用风险及市场风险的影响，当银行或二级金融市场不能进行短期资金再调拨时，银行间市场将出现紧张局面
运营风险	若金融机构办公室和数据中心受到气候灾害带来的物理风险影响，就会产生操作上的影响，并可能波及其他金融机构

资料来源：*The Green Swan*, pp19－20, Bank for International Settlements, 2020. 1, https: //www. bis. org/publ/othp31. pdf, 2021－01.

一、银行业面临的物理风险

物理风险是由于气候或地质事件、生态系统平衡发生变化对企业所产生的风险。物理风险可能对企业产生财务影响，如由极端天气带来的资产直接损失，或者是气候原因造成供应链中断带来的间接损失；不仅如此，企业的财务绩效也可能受到水的可用性、来源和质量变化的影响；粮食安全、极端的温度变化会影响组织的办公场所、运营、供应链、运输需求和员工安全。

物理风险可进一步分为急性风险和慢性风险（见表2-2）。急性风险主要是指当物理风险源于气候和天气相关事件时，如致命热浪、洪水、野火和风暴等，可能会破坏生产设施并扰乱价值链或供应链的风险；而慢性风险主要是指源于气候和天气模式逐步变化带来的风险，包括海平面上升、平均气温上升和海洋酸化等。长时间的气温升高可能导致诸如荒漠化等慢性气候事件的进一步发展，同样平均气温的持续升高会影响生态系统，尤其是农业。除此之外，频繁的急性气候事件的发生因为其长期性的影响，在一定程度上也可以看作慢性气候事件，从而会对企业带来与慢性风险相似的影响。

表2-2　　物理风险的种类

风险种类	简介	案例	潜在的财务金融影响
急性风险	洪水、台风等极端天气引起的突发性风险	洪水、台风等极端天气灾害案例	救灾成本； 灾害造成的业务收入下降
慢性风险	引起海平面上升、全球热浪等气候长期变化的风险	降水带的移动、平均气温上升、海平面上升等事例	

资料来源：*Recommendations of the Task Force on Climate-related Financial Disclosures*，P. 10，TCFD，2017，https：//assets. bbhub. io/company/sites/60/2020/10/FINAL-2017-TCFD-Report-11052018. pdf，2017-6.

首先，从急性风险来看，世界范围内气候灾害造成的损失金额长期呈增加趋势。根据应急管理部等多个组织于2020年10月联合发布的《2020年全球自然灾害评估报告》，中国近年来由于洪涝灾害造成的损失最为明显。而且，相比于2019年洪水及地质灾害带来的直接经济损失占比达58.8%，2020年还有更为明显的增加，占比达到了72.5%。2019年，给中国带来重大影响的台风利奇马给全球造成的直接经济损失排名第四，损失金额达1 000亿美元。2020年全球自然灾害造成的损失排名中，排位第一的是中国南方洪涝灾害，损失金额达170亿美元（见图2-2，表2-3、表2-4）。

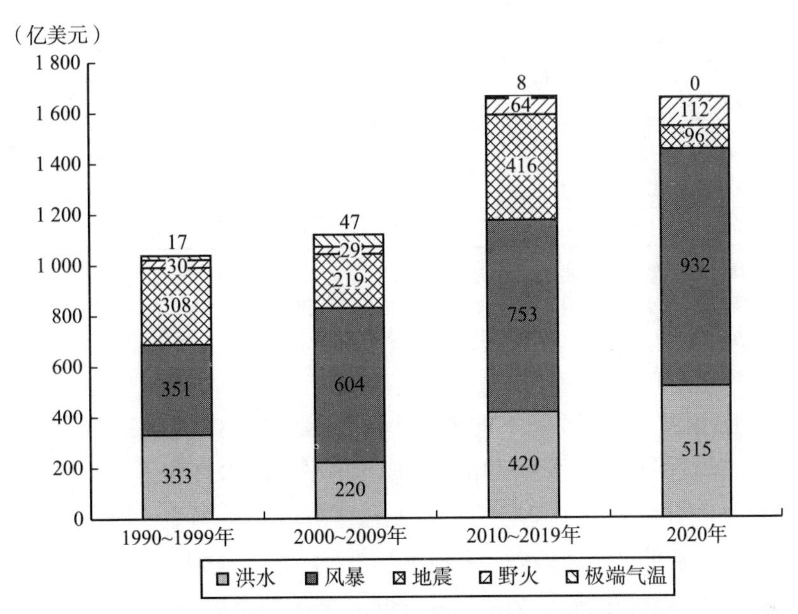

图 2－2　与全球天气有关的自然灾害造成的直接损失

注：1990～2019 年直接经济损失为 2019 年价格水平，2020 年为当年价格。

资料来源：应急管理部－教育部 减灾与应急管理研究所，应急管理部国家减灾中心，红十字会与红新月会国际联合会．2020 年全球自然灾害评估报告［R］．2021：18，https：//www. gddat. cn/WorldInfoSystem/production/BNU/2020－CH. pdf，2021－10.

表 2－3　　2019 年全球直接经济损失前 5 的自然灾害

	时间	国家	灾害类型	直接经济损失（亿美元）
1	2019 年 10 月 10～17 日	美国	野火	2 500
2	2019 年 10 月 12～17 日	日本	风暴	1 700
3	2019 年 7 月 14 日至 9 月 30 日	印度	洪水	1 000
4	2019 年 8 月 10～12 日	中国	台风	1 000
5	2019 年 3 月 12～28 日	美国	洪水	1 000

资料来源：应急管理部－教育部 减灾与应急管理研究所，应急管理部国家减灾中心，红十字会与红新月会国际联合会．2019 年全球自然灾害评估报告［R］．2021：18，https：//www. gddat. cn/WorldInfoSystem/production/BNU/2019 英文版．pdf，2020－05.

表 2-4　　2020 年全球直接经济损失前 5 的自然灾害

	时间	国家	灾害类型	直接经济损失（亿美元）
1	2020 年 5 月 21 日至 7 月 30 日	中国	洪水	170
2	2020 年 5 月 20 日	印度、孟加拉国	风暴	150
3	2020 年 8 月 27 ~ 28 日	美国	风暴	130
4	2020 年 8 月 16 日至 10 月 1 日	美国	野火	110
5	2019 年 6 月至 8 月 16 日	印度	洪水	75

资料来源：应急管理部 - 教育部 减灾与应急管理研究所，应急管理部国家减灾中心，红十字会与红新月会国际联合会 . 2020 年全球自然灾害评估报告［R］. 2021：18，https：//www. gddat. cn/WorldInfoSystem/production/BNU/2020 - CH. pdf，2021 - 10.

对于中国气候变化带来的慢性风险，首先根据《中国气候蓝皮书(2021)》，中国平均年降水量呈增加趋势，年平均降水日数呈显著减少趋势，而年累计暴雨日数呈增加趋势，降水变化区域间差异明显。1961 ~ 2020 年，中国平均年降水量呈增加趋势，平均每 10 年增加 5. 1 毫米；20 世纪 80 ~ 90 年代中国平均年降水量以偏多为主，21 世纪最初十年总体偏少，2012 年以来降水持续偏多。高温、强降水等极端事件增多增强，90 年代后期以来登陆中国的台风平均强度波动增强，气候风险水平趋于上升（见图 2 - 3）。

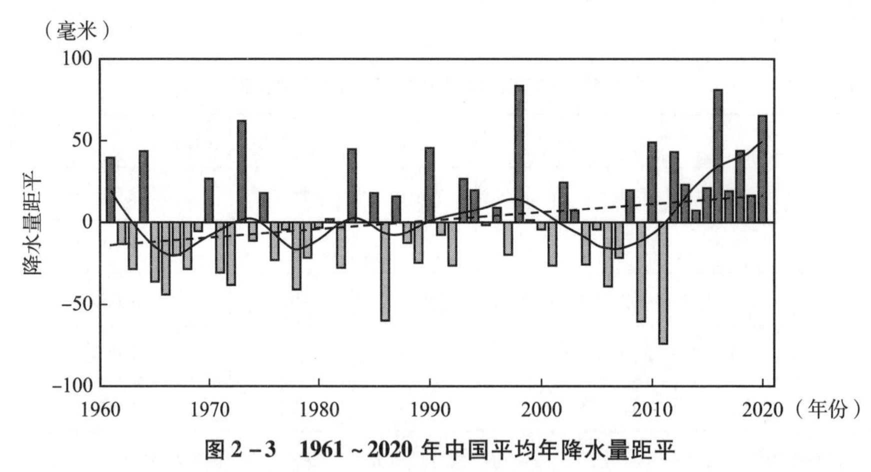

图 2 - 3　1961 ~ 2020 年中国平均年降水量距平

资料来源：中国气象局气候变化中心．中国气候变化蓝皮书（2021）［R］. 中国绿色碳汇基金会，2021，http：//www. thjj. org/sf_138BFAAA9B614515AB017220B69A1A45_227_8C0B6735583. html，2021 - 09 - 15.

根据我国编制的《中华人民共和国气候变化第三次国家信息通报》研究，在不同二氧化碳浓度情景下，中国年降水量都将持续增加。且根据环境部的估计，在二氧化碳浓度处于低、中、高三种情景下，中国在未来近百年间（2011～2100年）降水量的预计增加趋势分别为0.6%/10年、1.1%/10年和1.6%/10年。中国降水量的增加幅度明显高于全球平均水平。在二氧化碳分别为低和高浓度的情景下，到2100年，中国的降水可能比1986～2005年的水平将分别增加约5%和14%（见表2－5）。

表2－5　全球气候模式预估的中国未来降水量变化（相对于1986～2005年）

温室气体浓度情景	降水量		
	2040年	2070年	2100年
RCP2.6	1.0%	3.0%	5.0%
RCP4.5	2.0%	5.0%	8.0%
RCP8.5	2.5%	7.5%	14.0%

资料来源：中华人民共和国气候变化第三次国家信息通报［R］. 生态环境部应对气候变化司，2018：53，https：//unfccc. int/sites/default/files/resource/China_NC3_Chinese_0. pdf，2018－12.

其次，关于海平面变化问题，如图2－4所示中国沿海海平面总体呈波动上升趋势。1980～2020年，中国沿海海平面上升速率为3.4毫米/年，高于同期全球平均水平。2020年，中国沿海海平面较1993～2011年的平均值高73毫米，为1980年以来的第三高位。

根据《2020年中国海平面公报》，预计未来30年，渤海沿海海平面上升幅度为60～180毫米，黄海为50～160毫米，东海为50～165毫米，南海为60～175毫米。海平面上升将导致中国沿海平均极值水位的重现期显著缩短。以山东省为例，至2050年，100年一遇的极值水位的重现期将变为10～30年一遇；至2100年，1 000年一遇的极值水位重现期将缩短为10年一遇。

未来30年，长江三角洲、珠江三角洲和黄河三角洲将是受海平面上升影响的主要脆弱区。到2050年前后，珠江三角洲、长江三角洲和黄河三角洲等重要沿海经济带因海平面上升可能被淹没的风险最大，由于海平面上升

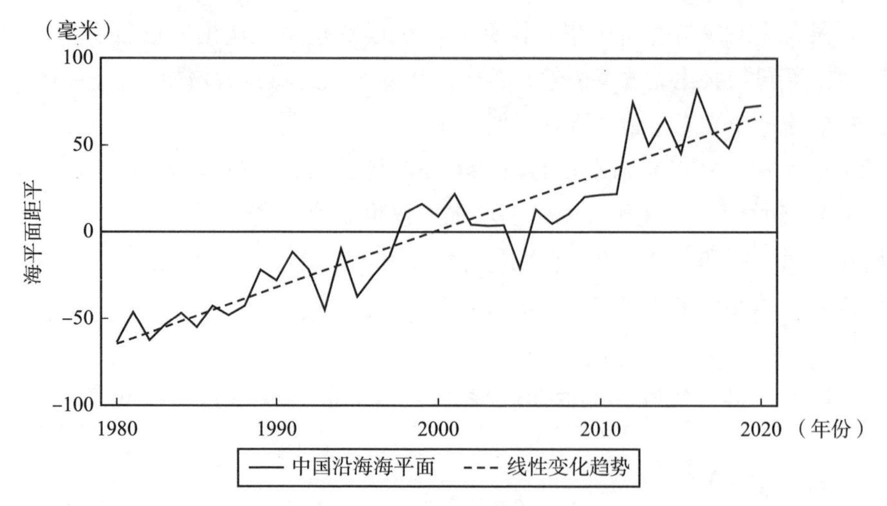

图2-4 1980~2020年中国沿海海平面距平变化（相对于1993~2011年平均值）

资料来源：中国气象局气候变化中心．中国气候变化蓝皮书（2021）［R］，中国绿色碳汇基金会，2021，http：//www.thjj.org/sf_138BFAAA9B614515AB017220B69A1A45_227_8C0B6735583.html，2021-09-15.

导致的海水入侵、海岸侵蚀和低地淹没会进一步加剧。

从这些数据来看，由于将来气候变化的影响，急性、慢性的物理风险上升，根据风险的种类不同，各地的影响可能会有差异，但这些影响在全国范围内都是不可忽视的。此外，洪涝等灾害造成的影响，不仅限于发生灾害的地区，还可能通过价值链间接影响中国全境乃至全球。

在此气候背景下，物理风险的发生也会对银行业产生相应的影响，从不同的渠道对银行的经营产生直接或间接的影响，从而在银行层面表现出信用风险、市场风险、流动性风险、操作风险、声誉风险的发生。

（一）信用风险

信用风险是由于交易对手未能履行付款义务而造成损失的风险。

物理风险主要通过影响银行的交易对手从而间接使得银行产生信用风险，主要从交易对手的资产价值、收入等方面产生影响。物理风险，无论是从慢性或是急性的角度，都会减少交易对手的财富，导致交易对手的偿债能力下降，从而影响银行的信用风险。

极端气候现象可能会给家庭和企业造成重大损失，会对交易对手的有形资产造成损害，从而损害其资产的价值，并降低其偿还贷款的能力。且气候变化因素会对受影响企业的现金流产生负面影响，急性或慢性的气候变化都会通过影响其收入从而影响其偿债能力。对银行而言，这不仅会损害抵押品的价值，还会增加违约的可能性，从而增加它们的信用风险。而这种贷款人偿债能力的减弱和抵押品价值的受损也会发生在慢性气候事件中。例如，一个地理区域的长期沙漠化会对企业及当地经济发展产生阻碍，如对企业资产设备的损害和对经营能力的影响，进而影响企业的偿债能力。

在不同地区，抵押贷款、商业房地产、商业和农业贷款以及与这些市场相关的衍生工具极其容易受到与恶劣天气事件和其他环境变化相关的影响。例如，飓风、干旱、洪水、火灾和其他环境变化的破坏性和频率的增加可能会降低受损资产的价值，并影响借款人偿还贷款的能力，导致金融机构面临的信用风险和损失水平增加。

对于区域性银行而言，其市场份额较小，且交易对手相对集中于某一地区，一旦出现急性气候事件如洪水、暴风雨等，便使得整个地区都受灾严重，而区域性银行会面临集中性风险，即区域性银行可能将信贷资金发放给该地区的企业，使得银行信贷组合缺乏多样性，可能面临巨大违约风险。

（二）市场风险

市场风险是由于未来市场价格的不确定性导致金融资产价值下降的风险，其可能会导致金融机构和资产所有者遭受损失。

由于自然灾害出现的地点、时间、影响程度有很大的不确定性，使得金融机构相关资产价值在未来也具有很大的不确定性，资产的投资者面临较大的遭受气候事件的风险，从而要求更多的资产风险补偿，导致银行资产的风险溢价上升。

自然灾害的频繁发生会导致市场波动剧烈，如商品价格波动，特别是尚未将气候风险纳入定价模型的资产，一旦出现气候风险，可能使得资产价格发生大幅度突然的剧烈变化，从而产生市场风险。

由于频繁的自然灾害的发生会对一个地区的经济发展产生重大影响，同时也会产生气候相关风险，为避免遭受重大损失，因此相比于灾害较少的地区，灾害频发区所获的投资将会减少，大量资本外流，尤其在自然灾害发生期间，使得该国家和地区的汇率产生剧烈波动，不利于银行进行外汇业务，产生市场风险。

（三）流动性风险

流动性风险指的是银行无法及时迅速将资产变现进行支付所产生的风险。物理风险既可以通过影响银行筹集资金或是清算资产的能力直接影响银行的流动性，也可以通过客户的流动性需求间接对银行的流动性产生影响。

发生自然灾害后当地经济一时难以恢复，而居民个人支出增加、收入减少使得居民对流动性的预防性需求急剧增加，但根据银行一般的经营管理模式，大部分资金将会用于贷款和投资，无法满足大部分居民的取款或贷款需求，从而可能导致地区性银行发生挤兑事件，造成银行流动性不足，产生流动性风险。

（四）操作风险

操作风险主要是指由于内部流程、人员和系统的不足或是外部事件造成的损失风险。

物理风险尤其是急性物理风险的出现作为严重的外部冲击会扰乱金融机构的基本运营，主要表现为对金融机构相关设备和基础设施的损害，阻碍其开展金融服务。同时银行为了恢复经营，需要支出更多的成本用于设备的维修，确保业务的正常开展。因此自然灾害的发生会从外部对银行产生冲击，造成严重损失。

除此之外，对于极端灾害带来的严重损失，尚未投保的机构将会面临巨大的风险敞口，一旦出现的损失超过预期，银行会遭受严重的财务压力，并通过财产清算和风险敞口渠道传递压力，使得整个金融系统受到巨大影响。

（五）声誉风险

声誉风险主要是指负面的公众舆论对银行造成的风险。如果因物理风险的具体化而遭受损失的当事人试图通过诉讼或是媒体等方式向应负责任的人追回损失，就可能产生声誉风险。这种风险可能直接或间接地影响银行，即通过它可能对与银行存在相关业务的企业产生的影响，从而间接影响银行声誉。

二、银行业面临的转型风险

转型风险指太快进行低碳经济的转型而带来的不确定的金融影响，包括政策变化、声誉影响、科技的突破或限制、市场偏好和社会规范的转变等。如若要迅速向低碳经济转型，就意味着化石燃料的开采被限制，而被变为“搁浅资产”（stranded assets）。如果这些“搁浅资产”丧失了价值，就会遭到抛售甩卖，从而导致金融危机。而那些依靠化石燃料的汽车产业也会间接受到转型风险的影响。为解决气候风险问题，伴随低碳经济转型而产生的政策、法律、技术以及市场变化可能会给银行带来不同程度的财务和声誉风险。近年来为实现碳中和目标，中国推出的宏观审慎等绿色金融政策也影响了国内的能源结构（见图2-5）。

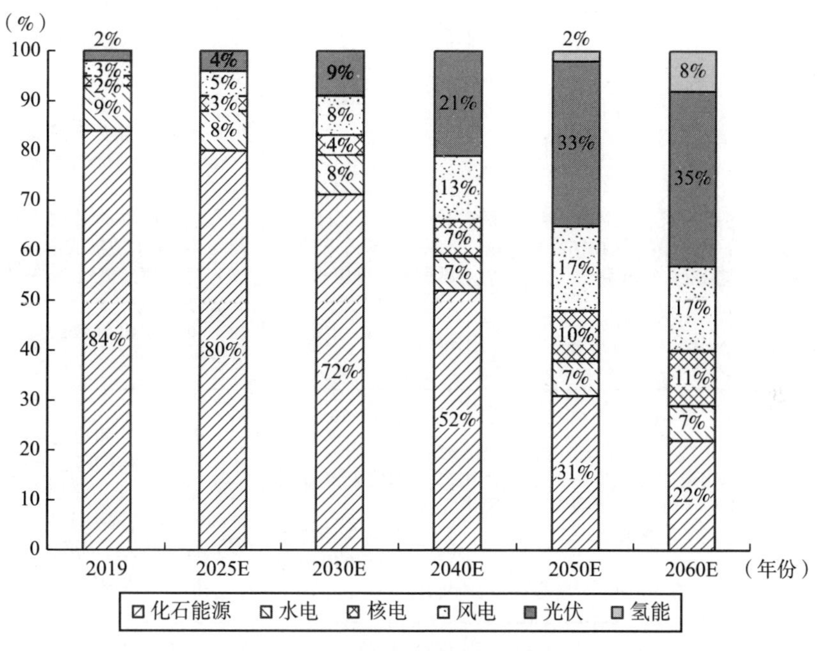

图2-5 中国能源结构的变化

资料来源：中金研究院．绿色能源：打造中国绿色能源新篇章［EB/OL］. https：//cgi. cicc. com/article7，2021-03-22.

转型风险的种类如表 2－6 所示。

表 2－6　　　　转型风险的种类

风险种类	简介	案例	潜在的财务金融影响
政策法规风险	（1）对气候变化产生负面影响的行为的限制，以及对正面影响行为的促进和激励政策中产生的风险；（2）气候变化影响和转型失败、重大财务风险、信息披露不足等导致诉讼和法律风险	（1）温室气体排放（GHG）价格上升；（2）排放报告义务的强化；（3）现有商品和服务的监管诉讼	（1）合规成本以及保险费用的上升；（2）受监管要求的资产的减损处理；（3）监管罚金；（4）诉讼费用；（5）现有商品和服务的需求减少带来的收益下降
技术风险	向低碳和高能效经济转型中，技术创新对企业竞争力和成本等带来的影响的不确定性	（1）现有商品和服务向排放量少的领域转移；（2）新技术投资失败进而向低碳技术的转移	（1）受创新技术影响的现有资产的减损处理；（2）现有商品和服务的需求减少带来的收益下降；（3）新技术和代替技术的研发费用；（4）导入新技术的业务流程变更等费用
市场风险	考虑气候相关风险，特定商品和服务的需求与供给出现大幅波动的风险	（1）顾客偏好的变化；（2）市场需求的不透明和不确定；（3）成本上升	（1）顾客行为变化对现有商品和服务的需求减少带来的收益下降；（2）能源成本的急剧上升以及突发变化的应对成本；（3）商业模式变化带来的收益结构变化；（4）市场变化导致的资产价值再评估
声誉风险	向低碳社会转型中，在社会责任等领域造成顾客和地区认识变化的风险	（1）顾客需求的变化；（2）对特定产业的批评；（3）对利益相关者风险应对的担忧和批评	（1）现有商品和服务的需求减少带来的收益下降；（2）员工管理、计划变更等带来的收益下降和成本上升；（3）融资可能性下降；（4）融资成本上升

资料来源：*Recommendations of the Task Force on Climate-related Financial Disclosures* [EB/OL]. P. 10，TCFD，2017，https：//assets. bbhub. io/company/sites/60/2020/10/FINAL－2017－TCFD－Report－11052018. pdf，2017－06.

（一）政策法规风险

由于气候变化而出台的相关政策仍在演变。政策目标一般有两种：一是限制对气候变化产生不利影响的行为，二是试图促进对气候变化的适应。相关政策如实施碳定价机制以减少温室气体排放、使用低排放能源、提高能源使用效率、鼓励可持续能源的使用等。与政策变化相关的风险和财务影响主要取决于政策变化的性质和时间。

还有一种主要风险是诉讼或法律风险。近年来，由房屋业主、市政当局、保险公司、股东及公共利益组织向法院提出的气候相关诉讼索赔有所增加。引起此类诉讼的原因包括责任主体未能减轻气候变化的影响、未能适应气候变化以及对重大财务风险的披露不足。随着气候变化带来的损失损害价值的增加，诉讼风险也有可能增加。

（二）技术风险

支持向低碳、能源高效的经济体系转型的技术改进或创新可能会对经济体系产生重大影响。例如，可再生能源、电池储存、能源替代、碳捕获和储存等新兴技术的开发和使用将影响某些企业的竞争力、生产和分销成本，并最终影响终端用户对其产品和服务的需求。如果新的技术取代旧系统，破坏现有经济体系的某些部分，产生的分配效应必然会使得赢家和输家从这一“创造性破坏”过程中出现。然而技术发展和创新的时机是评估技术风险的主要不确定性之一。

（三）市场风险

虽然市场受到气候变化影响的方式可能较为复杂，但主要方式是改变某些商品和服务在市场上的供求，因为市场供求越来越考虑与气候有关的风险和机会（见表2-7）。

（四）声誉风险

气候变化被认为是声誉风险的一个潜在重要来源，这与客户或相关组织对该主体企业的低碳经济转型贡献的看法的变化有关。如银行缺乏对气候相

表 2－7　　　　　　　　气候变化影响金融稳定的主要途径

<table>
<tr><th></th><th>冲击类型</th><th>全球变暖</th><th>极端天气事件</th></tr>
<tr><td rowspan="3">需求</td><td>投资</td><td>未来需求和气候风险的不确定性</td><td>气候风险的不确定性</td></tr>
<tr><td>消费</td><td>消费模式转变，如在经济萧条时期偏好更多储蓄</td><td>住宅等受洪水影响</td></tr>
<tr><td>贸易</td><td>运输系统和经济活动变化招致的贸易模式转变</td><td>进出口受阻</td></tr>
<tr><td rowspan="5">供给</td><td rowspan="2">劳动力供给</td><td>高温下劳动时间减少</td><td>自然灾害致使劳动时长减少或死亡率上升</td></tr>
<tr><td>移民迁徙带来的劳动力供给冲击</td><td>移民迁徙带来的劳动力供给冲击</td></tr>
<tr><td>能源、食物和其他投入</td><td>农业生产率降低</td><td>粮食和其他投入短缺</td></tr>
<tr><td>资本投入</td><td>由生产性投资转变为适应性资本投入</td><td>极端天气所带来的资本毁坏或资本折旧速度加快</td></tr>
<tr><td>技术</td><td>从创新型（Innovative）到适应（Adaptive）技术</td><td>从主动创新到被动适应</td></tr>
</table>

资料来源：*The Green Swan*，2021［EB/OL］. https：//www. bis. org/publ/othp31. pdf，2021－01.

关金融风险的认识会使得银行评级下调、风险溢价上升；而若被认为是非低碳型企业，即“机构污名化”，会使得该企业客户流失，同时对员工的吸引力下降。

三、基于场景的气候风险分析

关于气候变化所产生的风险，根据 TCFD 的建议应该进行气候变化场景分析，假设向脱碳过渡的过程中和全球变暖的发展过程中的不同情景，从而分析气候变化对银行的影响。与传统的压力测试不同，这要求金融机构分析气候变化在超长时间（20～30 年或更长时间）内的影响，同时设置基于不同气候变化应对措施的气候变化场景，分析其对银行业务以及资产组合对气候变化的敏感度（见表 2－8）。

表 2-8　　场景分析

要素	传统压力测试	气候变化压力测试
场景	极端宏观经济场景	基于不同的气候变动应对措施的气候变化场景
时间轴	主要是 1~5 年	一般是 20~30 年
目的	判定资本是否充足等	评估银行的业务以及资产组合对气候变动的敏感度

资料来源：Extending Our Horizon：Assessing Credit Risk and Opportunity in a Changing Climate [EB/OL]. https：//www. unepfi. org/wordpress/wp - content/uploads/2018/04/EXTENDING - OUR - HORIZONS. pdf，2018-04.

（一）典型场景

典型的气候情景包括联合国政府间气候变化专门委员会（IPCC）的温室气体浓度路径（RCP）情景和国际能源署（IEA）的世界能源展望（WEO），其经常用于物理和转型风险情景分析。这两个方案都在定期更新，IPCC 的 RCP 方案是基于 2013 年的第五次评估报告（见表 2-9），IEA 的 WEO 是 2021 年的最新版本（见表 2-10）。

表 2-9　　IPCC 第 5 次评估报告中的 RCP 方案

情景名称	情景概览
RCP2. 6	低稳定性方案（截至 2100 年的辐射强制力 2. 6 瓦/平方米） 以将未来气温上升控制在 2℃以下为目标而开发的最低排放量方案
RCP4. 5	中等稳定方案（截至 2100 年辐射强制力 4. 5 瓦/平方米）
RCP6. 0	高稳定性方案（截至 2100 年的辐射强制力 6. 0 瓦/平方米）
RCP8. 5	高级参考方案（截至 2100 年的辐射强度为 8. 5 瓦/平方米） 相当于 2100 年温室气体最大排放量的情景

资料来源：未来预测的“RCP 方案”是什么 [EB/OL]. https：//www. jccca. org/ipcc/ar5/rcp. html，2013-09-27.

表 2-10　　IEA 的 WEO

情景名称	情景概览
各国采取规定政策控制疫情的情景（STEPS）	在这种情况下，并没有理所当然地认为各国政府将实现所有宣布的目标。相反，其探索了能源系统在没有额外政策实施的情况下可能的发展方向

续表

情景名称	情景概览
宣布承诺情景（APS）	在这种情况下，考虑了各国政府作出的所有气候承诺，包括国家自主贡献和长期净零目标，并假设这些承诺将全部按时实现。这种情景下的全球趋势代表了到2021年中期全球应对气候变化的决心
可持续发展情景（SDS）	在这种情况下，假设所有与能源相关的可持续发展目标都已实现，当前所有净零排放的承诺都已完全实现，并且近期将加大努力实现减排；发达经济体将在2050年实现净零排放，中国将在2060年左右实现，其他所有国家最晚在2070年实现
2050年实现净零排放的情景（NZE2050）	在这种情况下，发达经济体将不依赖于能源部门以外的其他部门来达成先于其他经济体实现净零排放的目标，但假设非能源排放将以与能源排放相同的比例减少

资料来源：*World Energy Outlook 2021* [EB/OL]. https://iea.blob.core.windows.net/assets/4ed140c1-c3f3-4fd9-acae-789a4e14a23c/WorldEnergyOutlook2021.pdf，2021-10.

（二）案例分析

由于我国国内开展情景分析和压力测试的银行有限，且数据难以获取，因此通过展示日本的三家银行进行气候风险场景分析的结果，以此进一步了解气候风险对银行业的影响（见表2-11）。

表2-11　日本部分银行的场景分析

风险类型	项目	瑞穗银行	三井住友银行	三菱东京日联银行
物理风险	场景	IPCC第5次评估报告RCP2.6/8.5	IPCC第5次评估报告RCP2.6/8.5	IPCC第5次评估报告RCP2.6/8.5
	期间	到2050年为止	2019~2050年	2020~2050年
	风险事项、地区	风险事项：台风暴雨引起的洪灾； 地区：日本	风险事项：100年一次的洪水； 地区：日本	风险事项：水灾； 地区：日本国内外
	财务金融影响	最多520亿日元	累计300亿~400亿日元，平均每年10亿日元	累计380亿日元

续表

风险类型	项目	瑞穗银行	三井住友银行	三菱东京日联银行
转型风险	场景	IEA 可持续发展情景/经济延迟恢复情景	IEA 可持续发展情景/公开政策情景	IEA 可持续发展情景/经济延迟恢复情景
	期间	2050 年为止	2020～2050 年	2020～2050 年
	风险产业、地区	产业：电力、石油、煤气、石炭； 地区：日本国内	产业：电力、能源； 地区：日本国内和国外	产业：电力、能源； 地区：日本国内和国外
	财务金融影响	累计 1 200 亿（动态情景）~3 100 亿日元（静态情景）	每年 20～100 亿日元	每年 10～90 亿日元

注：此案例中对转型风险的研究选取的是国际能源署发布的《世界能源展望 2020》中提出的情景。其中，可持续发展情形：全球对清洁能源政策和相关的投资使能源体系走上正轨，全面实现可持续能源目标；公开政策情景：全球 2021 年逐步控制疫情，同年全球经济恢复到疫情危机前的水平；经济延迟恢复情景：疫情对全球经济前景造成持久损害，全球经济要到 2023 年才能恢复至疫情危机前的规模。

资料来源：何晓建，陈双杰，周远，穆怡雯，杨琳．日本银行业应对气候风险的实践和启示[J]．现代金融导刊，2021（11）：36－40.

（三）绿色金融网络（NGFS）的气候场景

为了涵盖气候变化带来的物理风险和转型风险，NGFS 提出了六种气候变化场景模式（见表 2－12）。这些情景具有相似的社会经济假设，即使遭受新冠肺炎疫情的冲击，仍假设未来将以当前的经济和人口趋势继续发展下去。银行可以基于这类情景进行压力测试和情景分析。

表 2－12　NGFS 情景假设

情景	情景描述
2050 净零	通过严格的气候政策和创新，将全球变暖控制在 1.5℃以内，在 2050 年左右实现全球二氧化碳净零排放
低于 2℃	逐渐加强气候政策的严谨性，从而有 67% 的可能性将全球平均气温变化限制在 2℃以下
分散型净零	将在 2050 年左右达到净零，但由于不同行业出台的不同政策导致能源使用的成本更高，使得石油等高碳能源逐步被淘汰

续表

情景	情景描述
延迟转型	该情景的前提是到2030年二氧化碳年排放量才会减少，因此需要强有力的政策将升温控制在2℃以内，同时二氧化碳去除也受到限制
国家自主贡献（NDCs）	包括所有承诺的政策，即使尚未实施
当前政策	假设只保留当前执行的策略，存在较大的物理风险

资料来源：Different Scenarios to Assess Transition and Physical Risks［EB/OL］. https：//www. ngfs. net/ngfs-scenarios-portal/explore，2021.

四、气候变化带来新的投资机会

气候变化在带来“绿天鹅”① 事件的同时，也给各界带来了机会，例如资源效率化和节约生产成本、低排放能源的使用和普及，以及新产品及服务的开发、建立供应链弹性等。同气候变化带来的风险一样，伴随气候变化而来的机会也因地域、市场和行业而有所不同。由于我国气候金融领域研究尚处于起步阶段，银行的相关案例较少，因此笔者选择了日本银行案例进行投资分析。以下是气候变化给银行业带来的新的投资机会分析。

（一）新领域、新产业的投资和交易机会增加

一方面，气候变化对全球整体产业及经济结构产生了巨大影响。但另一方面，由于气候变化的影响，部分产业的市场规模也在不断扩大，主要表现为一些与环境相关性较高产业的市场规模扩大，即那些为避免或减轻气候变化带来的损失做出贡献，并利用新的气候变化情景进行商业活动和创新的产业（见图2－6）。

除此之外，全球范围内有关“清洁能源利用”的市场规模如图2－7所示，预计至2050年度也将大幅增加到约1 204 259亿日元。

① “绿天鹅事件”（Green Swans），也称“气候黑天鹅事件”（Climate Black Swans），指气候变化引发的对金融市场构成系统性威胁，造成颠覆性影响的极端事件。

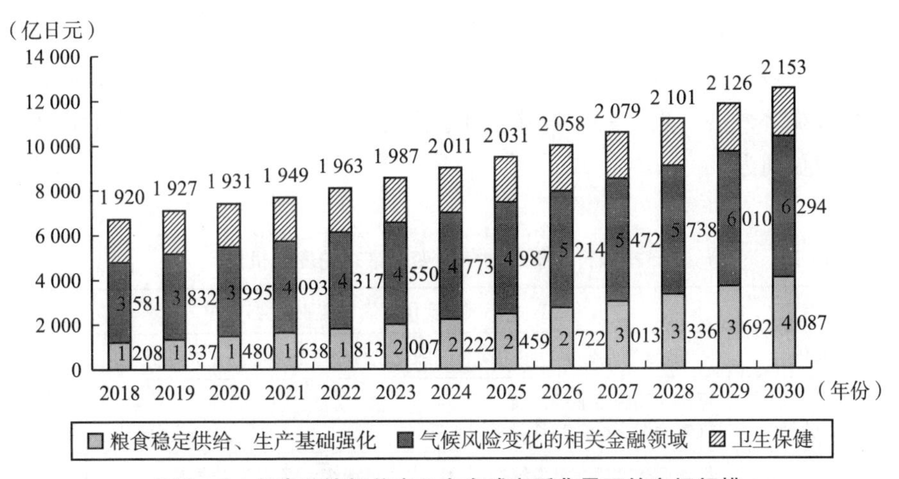

图2－6　各类环境相关产业在全球变暖背景下的市场规模

资料来源：关于环境产业的市场规模和就业规模的报告书［R］. 日本环境省官网，https：//www. env. go. jp/press/files/jp/114308. pdf，2020－03.

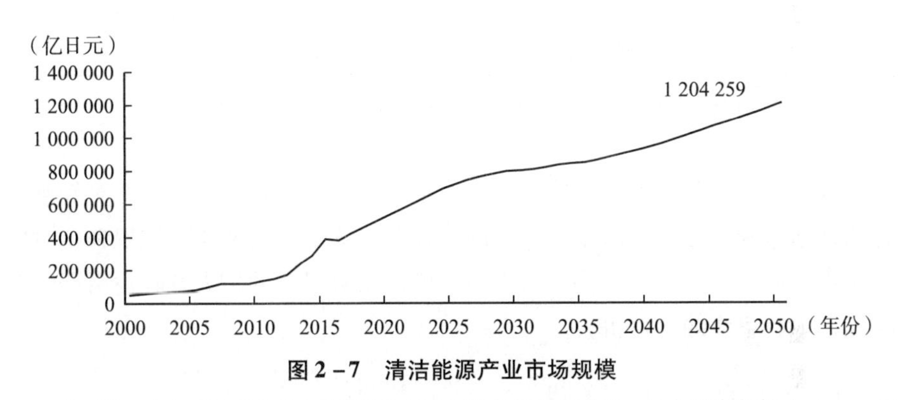

图2－7　清洁能源产业市场规模

资料来源：关于环境产业的市场规模和就业规模的报告书［R］. 日本环境省官网，https：//www. env. go. jp/press/files/jp/114308. pdf，2020－03.

如上所述，由于气候变化的影响，一些产业市场规模的扩大将为银行提供更多的投融资和交易机会。目前，也有银行在采取与气候变化相关的措施，如绿色融资，即在遵循市场经济规律的要求之下，以建设世界生态文明为导向，以信贷、保险、证券、产业基金以及其他金融工具为手段，以促进节能减排和经济资源环境协调发展为目标的宏观调控政策。通过绿色融资，可以使得企业实现可持续发展。企业也可以通过积极争取银行绿色信贷支持，充分利用相关银行推出的绿色信贷、发行企业的绿色债券、引入环保责任制制度以及发起设立绿色产业基金等方式推进绿色融资的发展，最终使经济良性循环发展。表2－13是部分日本银行在应对气候变化过程中而产生的新的发展机遇。

表2－13　　日本银行积极应对气候变化带来的发展机遇

银行	气候变化对策（商业机会）
瑞穗银行	“可持续性金融室”的组织化，强化发行绿色债券等的支援体制
三菱东京日联银行	可再生能源事业的发展 气候金融、ESG投资等咨询业务
三井住友银行	批发业务部门在批发统括部内设置“可持续发展业务推进室”，与各业务部门合作，为集团整体提供解决方案
三井住友信托银行	提供气候相关绿色金融、积极影响金融、可再生能源金融等促进金融和可再生能源普及的融资
滋贺银行	（1）认购私募型绿色债券； （2）实行可持续性贷款

资料来源：各金融机构网站、TCFD报告等。

银行推进此类业务发展将使得市场进一步扩大，并且随着企业对气候变化的逐渐重视和相关应对举措的实施，社会整体对气候变化的认识和应对措施也将取得一定进展。另外，对银行来说，投资组合的扩大及收益来源的多样化，也有望增加收益机会。

（二）资金来源的多样性

气候变化也可以成为银行筹措资金的机会。目前，多家银行发行了绿色债券和可持续性债券，并将募集到的资金用于对能够改善环境的绿色项目的投融资等。

其中，绿色债券市场在最近几年大幅扩大。从全球来看，2019年的发行额约为2 577亿美元，比2018年增加了约50%。2020年尽管受到新冠肺炎疫情的影响，但在全球的发行额仍然具有平稳上升趋势，预计今后市场规模将继续扩大（见图2－8）。

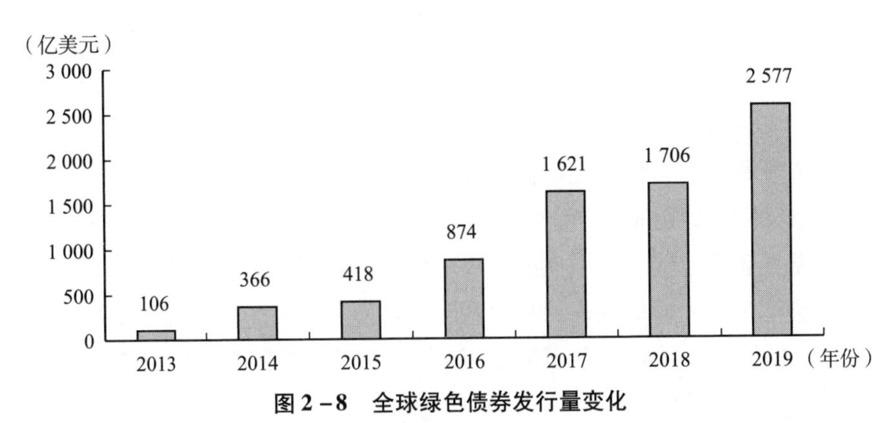

图 2－8　全球绿色债券发行量变化

资料来源：绿色债券系列海外篇：全球绿色债券发展概况、未来趋势［R］. 海南省绿色金融研究院，2021，https：//mp. weixin. qq. com/s/hBAERH－5E3gFQxIVnNovug，2021－02－05.

从投资者的角度来看，投资者对债券的投资兴趣也在增加。如图 2－9 所示，截至2021 年底已有接近 4 000 家企业签署了联合国责任投资原则（PRI）①，

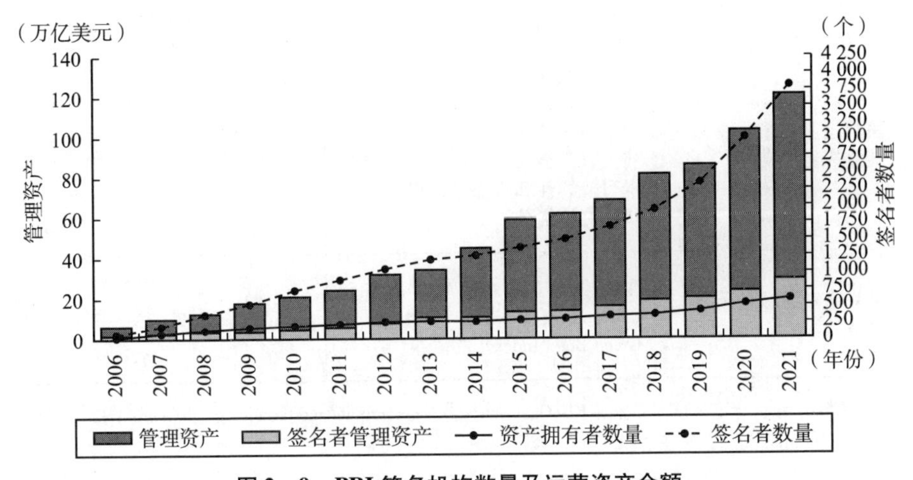

图 2－9　PRI 签名机构数量及运营资产余额

资料来源：*About the PRI*［EB/OL］. https：//www. unpri. org/about－us/about－the－pri，2021.

① 联合国责任投资原则（PRI）鼓励投资者采纳六项负责任投资原则，通过签署该原则，签署方承诺在做出投资决策时遵循 ESG（环境、社会和治理）议题的相关标准，并鼓励所投资的公司遵守和践行 ESG 的要求。

其中养老基金等资产所有者的签名约500个，其经营资产余额合计超过20万亿美元。另外，机构投资者在投资时，不仅会基于传统的财务分析，还会将企业的ESG信息纳入考量范围，这就使得被投资企业会进一步考虑投资者偏好以及相关的金融宏观审慎监管进而应对ESG问题。

而且，随着绿色债券发行规模的扩大，以绿色债券为主要投资对象的绿色债券基金正在形成。如果类似于绿色债券基金这样的投资基金数量继续增加，将会产生正向反馈效应，从而刺激绿色债券的市场规模进一步扩大。表2－14是绿色债券基金的部分事例，各基金通过不同的投资策略使其资产不断扩大。

表2－14　绿色债券基金的典型案例

基金名称	投资策略	特征
Amundi Planet Emerging Green One（EGO）	（1）以新兴国家绿色债券作为投资对象； （2）旨在促进新兴国家发行绿色债券	（1）截至2018年3月16日，运营资产为14.2亿美元； （2）联合国际金融公司支持新兴国家发展绿色债券
法国巴黎银行——绿色债券基金	（1）投资企业、国际机构、地方政府、政府发行的全球绿色债券； （2）在购买绿色债券之前，与发行人召开会议，确认各绿色债券的可持续性和可靠性，以及对环境影响的监测	在2017年10月刚开始时，运营资产为1亿欧元
贝莱德安硕绿色债券指数基金	主要投资于纳入欧洲对冲基金（Bloomberg Barclays MSCI Global Green Bond Index）的债券	净值增长率在27.3%～55%之间

资料来源：绿色债券基金［EB/OL］. https：//greenfinanceportal. env. go. jp/bond/related_info/greenbond－fund. html，2018－03.

就我国而言，2022年初中国银行发行的“22中国银行绿色金融债01”规模为300亿元，是目前2022年单笔发行规模最大的绿色金融债。此外，中国交通银行发行了200亿元，中国工商银行、中国建设银行也各自发行了规模为100亿元的绿色金融债，加之全国性股份制银行中的招商银行发行的两笔合计为150亿元的绿色金融债，上述5家银行发行的债券规模达到850亿元，比例占年内发行总额的近六成。[①] 绿色债券的发行源于绿色投融资的需求，而金融机构加快创新相关产品和服务，会在推动绿色金融债步入发展‘快车道’的同时吸纳更多投资。

（三）企业价值与声誉上升

致力于应对气候变化，不仅能给银行业在强化投融资和资金筹措方面带来机遇，还能提高银行的企业价值，获得更加积极的社会责任评价。2019年，绿色和平组织[②]（日本）进行了关于气候变化的意识调查。调查显示，关于温室气体排放（GHG）增加等引起的气候变化，八成以上的回答者表示“担心最近异常天气的增加会不会是气候变化的影响，希望政府等政策决定者能好好地采取对策”。对于是否应该重新考虑将气候因素包含在内的“一揽子”商务解决方案，九成以上的回答者对于“积极开展应对气候变化的企业经营活动非常重要”或者“企业在应对气候变化上有一定作用”做出了肯定的答复。[③] 这说明对于全球气候变化问题，企业的态度越发摆正，环保意识正在提高。

此外，出于可持续发展等因素的考虑，银行业等金融机构业正在减少对煤炭火力发电的融资。因此，此类企业可能面临可筹措资金减少等严峻问题。在化石燃料相关产业的企业中，银行业等投资者撤除现有投资的“撤除投资”（divestment）动向也在不断增加（见图2－10）。从以上现象中，我们可以看到银行业等利益相关者对气候变化的关注度在不断提高。

而且，如前所述，投资者对包括绿色债券等在内的环境、社会及治理

① 商业银行绿色金融债发行提速 年内募资近1400亿已超去年全年［EB/OL］. https：//baijiahao. baidu. com/s? id＝1744122016231054629，2020－09－16.

② 绿色和平组织是一个国际环境非政府组织，在全球55个国家和地区开展活动，致力于保护环境和实现和平。绿色和平组织（日本）成立于1989年，是绿色和平组织的日本分会。

③ 绿色和平组织（日本）于2019年9月12～16日，在日本范围内选取18～79岁1000人进行气候变化意识调查，并于2019年9月18日在其官网公布了调查结果：“气候变化意识调查”，详见https：//www. greenpeace. org/static/planet4－japan-stateless/2019/09/18e8777a－climatepoll. pdf，2019－09－18.

（ESG）相关金融产品的兴趣近年来也正在逐渐高涨。如果企业获得来自投资者更高的 ESG 相关评价，企业价值也会相应提高。在这样的情况下，企业对气候变化所采取的相关措施，也将同时影响着投资者等利益相关者的投融资决策。换句话说，银行业对于企业客户的 ESG 评价，将成为企业价值评估的重要标准之一。

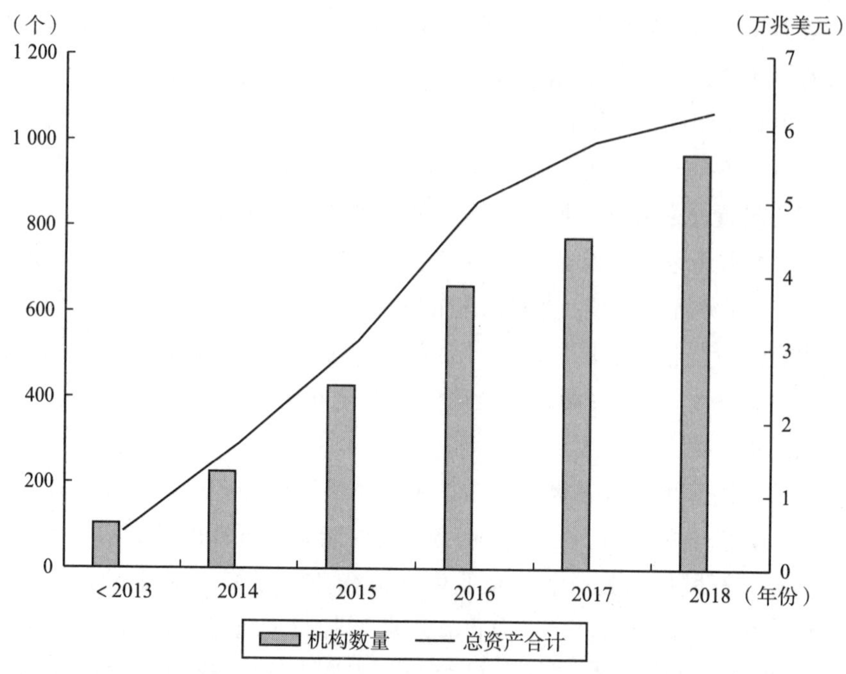

图 2－10　退出化石燃料投资的机构数量（包括计划实施）和资产运营总额

资料来源：The Global Fossil Fuel Divestment and Clean Energy Investment Movement［EB/OL］. https：//www. arabellaadvisors. com/wp-content/uploads/2018/09/Global－Divestment－Report－2018. pdf, 2018.

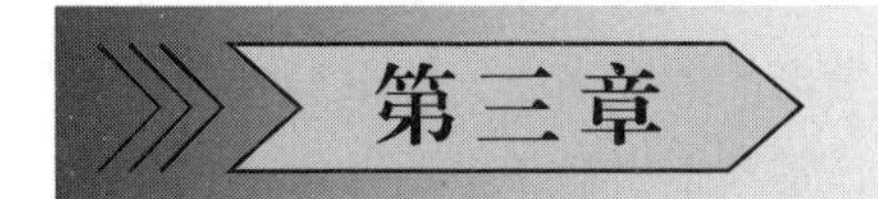

第三章

气候变化与能源革命：基于国际公共品视角的经济分析

1992 年在里约热内卢召开了第一次气候变化国际对策会议——“发展与环境联合国会议”，该会议被称为“地球峰会”。为了阻止 100 年后全球气温的上升，会议通过了《气候变化框架公约》，在 150 多个国家以及欧洲经济共同体的共同签署下于 1994 年生效。之后经过《京都议定书》《坎昆协议》，到 2016 年全世界共有 178 个缔约方共同签署了《巴黎协定》。2020 年 9 月 22 日，在第 75 届联合国大会上，习近平总书记首次对世界公开宣布：“中国将提高国家自主贡献力度，采取更加有力的政策和措施，二氧化碳排放力争于 2030 年前达到峰值，努力争取 2060 年前实现碳中和。”① 随后，2021 年 4 月，美国、欧盟、日本在领导人气候峰会上发表了到 2030 年为止的温室气体削减目标，并提出了到 2050 年实现净零排放的目标。为了实现“3060”双碳目标，习近平总书记在 2021 年 3 月 15 日主持召开的中央财经委员会第九次会议上将研究实现碳达峰、碳中和的基本思路和主要举措作为一项重要议题，会议指明了“十四五”期间碳达峰的重点工作。

关于气候变化，经济学家很早就开始关注，经过长期且持续的研究积累，现在已经确立起了一般性的理论分析框架，并且相应地提出了政策建议。目前，气候变化相关政策正是基于先前提出的经济理论与政策建议而制定的。但是，随着时代变化和技术进步，气候变化的经济分析前提和假设也

① 习近平在第七十五届联合国大会一般性辩论上的讲话［N］. 人民日报，2020－09－23（01）.

在持续改变，而且最近其变化速度还正在进一步加快。

因此，本章首先简要概述经济学理论模型在气候变化方面的研究要点，梳理进行全球气候治理的必要条件和所需考虑的关键问题，并根据其理论框架对气候治理现状进行评价。在此基础上，本章指出在考虑到近年来技术加速进步的条件下，有必要将技术研发投入纳入全球气候治理的成本框架中。通过投资多样化的全球气候治理方面的技术，不仅可以控制全球气候变化，还可能给人类带来更大的发展和增长，并妥善管理世界范围内日益增长的其他国际公共产品。最后，在此基础上，本章进一步探讨政府和银行业在其中应该发挥的作用。

一、气候变化的经济分析

（一）经济学的直觉：国际公共品的视角

气候变化作为经济分析的研究课题，可以将其看作类似污染全人类公共物品——大气的公害问题。因此，我们尝试使用众所周知的公共物品供给和公害问题的分析框架。气候变化问题可以认为是人类自身的经济活动和行为对其他生物产生负面影响的外部性问题的典型例子。但是，全球气候治理问题的一大特征是，温室气体排放的负面影响波及全世界，并且受到更显著不良影响的不是现在，而是 100 多年后人类的未来一代。与通常的公害问题相比，气候变化问题的外部性在空间和时间上都更加复杂，同时，在何时发生何种程度的损害方面也有很大的不确定性。也就是说，全球气候变化问题可以被定位为一个超越时空的全球公害问题：伴随着每个地球人的行为，在全球范围内具有国际影响的空间外部性；影响 100 年或 200 年后的世代，具有超越世纪的时间外部性；无法准确预测其影响的巨大不确定性。

伴随着经济全球化，国际公共物品问题的范畴也在日益扩大。从经济分析的角度来看，微塑料造成的海洋污染、新冠肺炎疫情的爆发、毁林、渔业资源枯竭、濒危物种、稀有金属、石油、铀矿石等，都属于稀缺资源需要优化利用的同一范畴。这些问题在国际上协调一致是必不可少的，但也经常成为纠纷和对立的来源。无论如何呼吁国际协调的必要性，一定程度的对立恐怕也难以全部消除。

对于此类国际公共品问题，经济学给出的答案是价格机制。公共物品的问题，根源在于它们是免费的，因而被过度使用。因此，其解决方案是在明确公共物品没有私人所有权的基础上，标以适当的价格抑制其使用，同时促进替代物品的供给。如果公共品的价格高、利润丰厚，那么其替代品的开发和供给会自行增加。如果替代品的技术开发有进展，那么不仅公共品的价格会下降，对于其的使用也会减少。虽然在国际上统一价格是必不可少的，但是各国之间基于协调达成协议几乎是不可能完成的任务。一个可行的解决办法是，从更广泛的角度把握稀缺资源的价格，即提高其影子价格，促进技术进步，增加替代性资源的供给。目前，人们对全球环境保护的可持续发展目标[①]（Sustainable Development Goals，SDGs）越来越感兴趣，这也与人类各种稀缺资源的影子价格不断上升有关。

只要价格上涨、成本提高，塑料的使用就会减少，纸和生物材料等替代手段的开发、供给和使用就会增加。各种新技术的开发通过自由竞争，自行取得进展，包括植树造林、养殖鱼、遗传基因有效疫苗、燃料利用效率高的车、不产生温室气体的车、不使用稀有金属的马达等。政府的作用是，不受原有框架和规定的制约，促进新技术的开发和普及，建设平等和自由竞争的环境。银行业则承担着从资金方面推动其动向的重要作用。而且，对于其他任何需要国际协调的重要课题，全球气候治理模式的发展与完善，今后都可以作为一种解决方案，对其产生重要的借鉴意义。

如果自 1992 年地球峰会召开起计算，应对全球气候变化政策在过去 30 年中之所以没有取得重大进展，可能是因为没有在基于经济理论的国际协调的前提下进行。“协调”这一术语，实际上是难以从经济学上进行定义的。特别是“国际协调”，更是一个无法明确定义的政治术语，缺乏经济学意义。就连最基本的国际关系之一——国际贸易，尽管从比较优势等经济理论上来讲，无税状态下的自由贸易的结果最优，但是关税协调仍然是一个永恒的课题。事实上，关税较少的新加坡和“一国两制”下的中国香港，尽管

---

① 可持续发展目标是联合国制定的 17 个全球发展目标，在 2000 ~ 2015 年千年发展目标（MDGs）到期之后继续指导 2015 ~ 2030 年的全球发展工作。

缺乏资源，但仍取得了快速的经济增长。关于国际公共物品问题，经济学给出的答案，也是通过竞争性市场中的自由定价来影响各经济主体的行为，从而解决全球气候治理问题。

因此接下来，首先让我们基于经济学理论模型进行国际公共品分析，并探讨其在全球气候治理上的应用。

（二）经济学模型

一般来说，经济分析通常将气候变化问题看作公共物品外部性分析框架的一种应用，从而将其进一步转化为稀缺资源的最优定价问题。因此，作为具有外部性的稀缺资源的化石燃料，在全球气候变化的情况下，我们可以通过对化石燃料征税等定价方式，使私人利益等于社会利益，从而抑制其使用，达到温室气体排放保持在大气吸收能力极限之内的目的。

更具体地，遵循贝克等（Becker et al.，2010）以及诺德豪斯（Nordhaus，2007a；2007b；2007c）等的模型框架思路，在考虑全球气候治理方面技术进步的基础上，按照以下有约束条件下的最大化问题（3.1）式，求解出使得100年或200年后福利损失的折现值与现在进行全球气候治理应当投入资金相等时，对温室气体排放进行定价的最优税率的动态序列。

首先，设想在一个没有不确定性的世界里，假设 t 期的温室气体浓度为 Q_t，而我们的环境政策目标是 T 期（例如，$T=200$ 年以后）的温室气体浓度是 $Q_T=\overline{Q}$。因此，我们寻求解决的问题在于，如何将地球大气资源在时间上进行最优分配，从而将温室气体浓度控制在安全范围内。

对此，我们将全球社会从现在的温室气体排放量 q_t 中获得的效用（消费者剩余+生产者剩余）设为 $V_t(q_t,\ b_t,\ y_t)$。其中，b_t 是 t 期使用不排放温室气体的清洁能源的单位成本，y_t 是国民收入。另外，假设减缓排放技术需要投入 $C_t(s_t\mu_t^{-1})$ 的成本。其中，s_t 是 t 期由于减排技术投入带来的减排量，μ_t 代表着减排效率（μ_t 越高减排成本越低）。

给定以上变量定义，我们需要解决的政策问题就是在以下两个约束条件下，如何求解出最大化社会剩余贴现价值的最优动态碳价序列：（1）给定 t 期的温室气体浓度 Q_t，从 t 期的温室气体排放量 q_t 中，减去温室气体减排量 s_t 以及温室气体再吸收量 aQ_t 之后，温室气体浓度变化 $\dot{Q}_t$ 的定义式；

（2）在 T 期能够达成温室气体浓度目标（$Q_T=\overline{Q}$）。

$$\max_{q,s} W = \int_{t=0} (V_t(q_t, b_t, y_t) - C_t(s_t\mu_t^{-1}))e^{-rt}\mathrm{d}t$$
$$\text{s. t. } \dot{Q}_t = q_t - s_t - aQ_t \tag{3.1}$$
$$Q_T = \overline{Q}$$

其中，r 是未来环境成本的贴现率（环境资本投资的收益率），a 是大气中温室气体的再吸收率。进一步，我们将 $V_t'(q_t, b_t, y_t)$ 记作 $V_t(q_t, b_t, y_t)$ 关于 q_t 的偏微分，则以上约束条件下最大化问题的解为：

$$V_t'(q_t, b_t, y_t) = P_0 e^{(r+a)t}$$
$$\mu_t^{-1} C_t'(s_t\mu_t^{-1}) = P_0 e^{(r+a)t} \tag{3.2}$$

（3.2）式表示，能够使得单位温室气体排放的边际价值和单位温室气体减排的边际成本相等的 t 时期的“碳价” $P_t = P_0 e^{(r+a)t}$ 即是最优碳价。因此，“碳价”代表了一个单位大气吸收温室气体能力的稀缺价值。

这个价格应当是理想状态下的庇古税，或者是总量控制与交易制度的结果。最优碳价序列 P_t 是温室气体排放中消费者和生产者所获得的剩余，与后代成本增加的折现值相等时确定的最优价格。这里，我们求解得到的社会最优碳价格，实际上是枯竭资源问题的一个共同的、众所周知的答案。社会最优的碳价格以贴现率（加上吸收）的速度上升，所以越早开始采取措施，对削减未来的应对成本就越有效。这个结果也是目前应该尽快在全球实施碳排放权交易政策这一想法的经济学理论基础。

但是，以上经济理论分析是假设在一个没有不确定性的世界里，对全世界统一征收单一的碳税，而且技术进步也可以以一定的比率进行预测。在现实世界中，全球国家往往难以统一行动，而且由于时间视野超长，因此存在着很大的不确定性，难以预测技术进步的路径。然而，即使在具有以上特征的现实条件下，经济理论模型也能得到一些重要的启示。因此，以下我们将在考虑这些现实条件的同时，根据最优解来评估现在应对全球气候变化的对策，并探讨世界各国应该采取的政策以及银行业可能的应对措施。

（三）国际比较：碳税和碳排放

西方发达国家的碳税开征时间较早，具有相对丰富的实践经验。当然，由于各国国情不同，碳税制度的设计和实践也存在一定差异。从已经推行碳税的发达国家来看，大致可分为三类。第一类是以芬兰、挪威等国为代表的第一批实施碳税政策的北欧国家。截至20世纪末，这些北欧国家已基本构建了较为完备的碳税体系，现阶段正根据气候情况和本国经济情况，对税率及征税对象等方面进行小幅调整。第二类是以美国、德国等国为代表的高收入国家。这些国家在经济合作与发展组织（OECD）和欧盟的带动下于20世纪末开始“绿化”税制，碳税税制体系虽然已经较为完善，但并不稳定。现阶段正根据已呈现的问题，提出进一步的改革方案。第三类国家是以日本、加拿大等国为代表的早期未运用税收手段降低二氧化碳排放量的国家。这些国家碳税实施起步相对较晚，目前正在积极探索碳税的征收之路。

表3-1列举了部分发达国家碳税初始税率[①]、2020年碳税税率及2030年预计达到的碳税税率。从表中我们可以发现，除日本以外，其他国家的碳税目前税率均高于初始税率，且预计未来将会继续呈上升趋势。日本的碳税初始税率之所以较高，是因为日本最早以环境税这一独立税种征收碳税。但由于效果并不显著，遂于2011年10月1日对碳税进行了重大改革，不再单独征收碳税，而作为石油煤炭税的附加税（即全球气候变暖对策税）进行征收。为了与石油煤炭税的计税依据保持一致，碳税计税依据从原来化石燃料的含碳量改为化石燃料的二氧化碳排放量，因此碳税税率出现了大幅度下降，为289日元/吨（约为2美元/吨）。不过，从2011年改革至今，日本的碳税税率也逐步上升，与其他发达国家（地区）的碳税税率趋势保持一致。

表3-1　　部分发达国家碳税税率

国家	碳税初始税率	2020年碳税税率	预计2030年碳税税率
加拿大	15.92美元/吨（2019年）	23.88美元/吨	135.3美元/吨
西班牙	15美元/吨（2014年）	17美元/吨	23美元/吨
日本	22美元/吨（2007年）	3美元/吨	13美元/吨
瑞典	27美元/吨（1991年）	114美元/吨	145美元/吨

① 碳税初始税率指该国家最初引入碳税时采用的税率，例如，瑞典1991年引入碳税，其初始税率为27美元/吨。

续表

国家	碳税初始税率	2020 年碳税税率	预计 2030 年碳税税率
挪威	21 美元/吨（1991 年）	59 美元/吨	200 美元/吨
法国	25 美元/吨（2010 年）	50 美元/吨	90 美元/吨
芬兰	7 美元/吨（1990 年）	供暖和机械用燃料：60 美元/吨； 交通燃料：70 美元/吨	供暖和机械用燃料：78 美元/吨； 交通燃料：91 美元/吨

资料来源：OECD 税务政策分析（Tax Policy Analysis）数据库，https：//www. oecd. org/tax/tax - policy/，2021 - 11 - 01.

图 3 - 1 显示了全球二氧化碳（CO_2）排放量的年度变化。从图中我们可以发现，在过去几十年中全球 CO_2 排放量基本保持了持续增加的趋势，仅在 2014 ~ 2016 年期间出现了短暂的小幅回调和趋稳的态势。2019 年，全球 CO_2 排放量达到了 36. 87Gt（1Gt = 10 亿吨）当量。

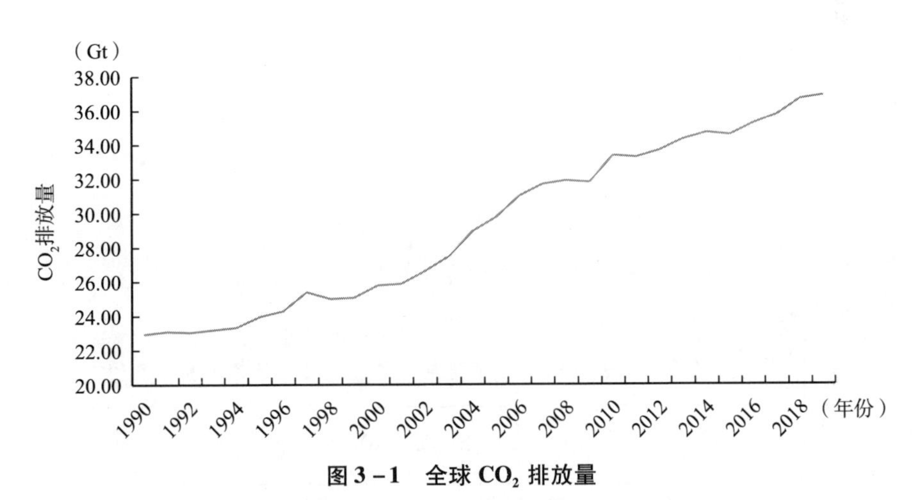

图 3 - 1　全球 CO_2 排放量

资料来源：气候观察（Climate Watch），世界资源研究所（World Resources Institute），https：//www. climatewatchdata. org/ghg - emissions? gases = co2&source = CAIT，2022.

图 3 - 2 显示了 2019 年全球各国 CO_2 排放的占比情况，其中中国排放占比最大，其次是美国、欧盟（含英国）、印度、印度尼西亚、俄罗斯。图 3 - 3则显示了全球主要碳排放国家/区域的历年 CO_2 排放情况，美国、欧盟

（含英国）的 CO_2 排放量呈现下降趋势，印度尼西亚和俄罗斯的 CO_2 排放量趋于平稳，中国和印度的 CO_2 排放量逐年递增。

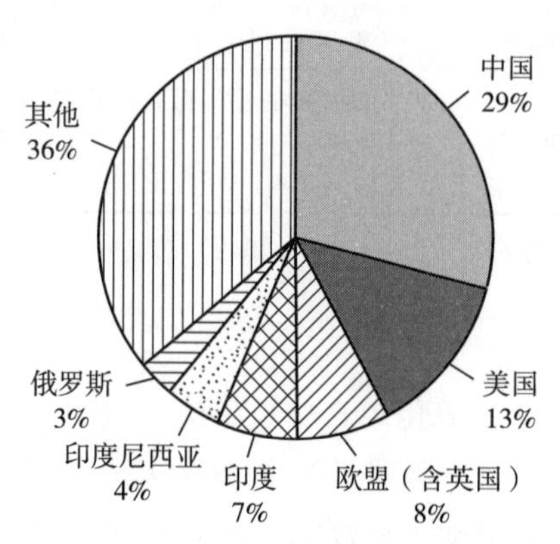

图 3－2　2019 年各国 CO_2 排放占比

资料来源：气候观察（Climate Watch），世界资源研究所（World Resources Institute），https：//www. climatewatchdata. org/ghg－emissions？ gases＝co2&source＝CAIT，2022.

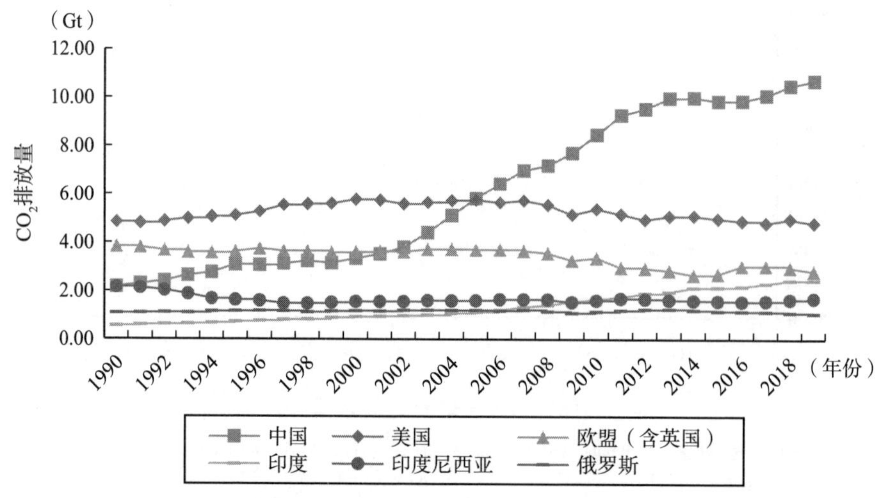

图 3－3　主要碳排放国家/区域历年 CO_2 排放量（$MtCO_2$）

资料来源：气候观察（Climate Watch），世界资源研究所（World Resources Institute），https：//www. climatewatchdata. org/ghg－emissions？ gases＝co2&source＝CAIT，2022.

（四）未来的挑战

1. 第一个挑战：全球所有国家和地区参加的国际共识

（1）温室气体排放量。

根据上述理论模型得出的最优碳价格，是以在全世界统一引进为前提的理论价格。但是，自1992年被称为“地球峰会”的联合国环境与发展大会起围绕温室气体排放权的最优价格，全球各个国家和地区便进行了多次各种各样的讨论。之所以有这么长时间的争论，主要是因为在温室气体减排这个重要问题上，存在迄今为止人类所遇到的其他外部性问题所没有的、极其困难的状况（详见本章“（一）经济学的直觉：国际公共品的视角”）。

首先，温室气体排放的影响波及全球，如果全球各国包括发达国家和发展中国家不进行统一行动，那么就难以形成有效的全球气候变化的应对策略。一方面，即使部分国家通过引入碳配额和碳交易机制，或者是征收高额碳税，抑制温室气体的排放，但如果其他国家为了维持价格竞争力，继续利用廉价煤炭能源进行生产和消费活动，那么以上这些国家实施的碳税和碳交易措施在应对全球气候变化方面，在一定程度上就失去了意义。目前世界第一和第二大温室气体排放经济体是中国和美国，其次是欧盟、印度、俄罗斯、日本[①]等。而且，当下已有包括中国和美国在内的超过130个国家和地区提出了“零碳”或“碳中和”的气候目标，因此这一问题正在逐步得到改善。

但是另一方面，正如《京都议定书》所遵循的原则是“共同承担责任，但是有区别的责任”，由于引发当前全球气候变化的 CO_2 排放主要是由发达国家在率先实现工业化的过去几十年和数百年间造成的，因此首先应当承担先减限排、多减排的义务。同时，由于不同国家在技术能力和经济水平上存在显著差异，因此各国的减排责任也应体现这些差异性。

气候变化导致的自然灾害的扩大，可能是当前世界各国态度转变的一个原因。但是，更重要的原因是，随着温室气体减排技术的发展，能源革命有

① Global Historical Emissions［EB/OL］. https：//www. climatewatchdata. org/ghg－emissions？calculation＝CUMULATIVE&end_year＝2019&source＝CAIT&start_year＝1990，2022－06－01.

可能得到爆炸性的发展。通过气候峰会，各国在寻求解决全球气候变化问题上，与其说是相互协调，不如说是相互竞争采取应对策略。与其他经济问题一样，在气候变化问题上，竞争框架也是解决问题的基本原理。在应对全球气候变化的国际对策的推进上，各国之间竞争框架的构建可能才是解决问题的真正关键所在。

（2）碳定价水平。

现阶段的另一大课题是，原本理论上应该统一的碳税水平，各国之间却存在着很大的差异。1997 年的《京都议定书》之所以被部分人士评价为失败，是因为它只以全球 CO_2 削减量为标准，而没有对每个国家规定减排义务。我们真正需要的是鼓励所有经济主体都采取行动减少排放量的政策，碳定价策略就是其重要手段。

目前，虽然碳排放权交易成为碳定价策略的主流，但是在实现最理想的全球共同碳定价方面仍然存在着巨大的政治障碍。之后，全球各国可能会采用碳税和碳排放权交易两种形式进行总量控制与交易。总量控制下的碳排放权交易方式，是温室气体排放削减成本高的主体能够以更低成本从削减排放的主体那里购买其碳排放权利，从而减少整体排放量的非常有效的划时代的想法。但是，它的难点在于如何确定减排总量。

在这个方面，碳税比碳排放权交易更有效的原因之一是，减少温室气体排放的收益取决于积累的大量温室气体存量，而成本取决于排放流量。也就是说，削减温室气体排放量的边际成本高度依赖于削减水平，而其边际效益与减排水平几乎没有显著关系。因此，对于不确定性如此大的碳减排问题，与以数量标准为基础的碳交易相比，碳税这样的价格制约也许会更有效率。这是关于公共品库存问题经济学理论暗含的政策含义。

欧盟各国率先引进碳税，随着时间的推移，其碳税税率还在不断上升。今后，包括中国、美国、印度和俄罗斯在内的全球统一水平的碳税引进行动的进展如何，将是一个全球关注的焦点。

2. 第二个挑战：时间视野的超长期性和不确定性

上述展示的经济学理论模型以未来并不存在不确定性为前提。但是，这个问题的时间视野是 100 年或 200 年后的超长时间，其间的不确定性实际上是极大的，因此是与通常的公共品分析具有完全不同维度的课题。在经济学理论中，处理包含巨大不确定性的将来和现在之间的跨时以及不确定性条件下的选择问题时，使用贴现率进行现值比较是比较标准的方法。尽管在通常的研究问题中，使用什么标准的贴现率可能是一个很大的问题，但是在温室气体效应问题上，却不太会受到贴现率选择问题的困扰。这是由于其超长时间的特征，无论使用什么水平的折现率，将来成本的折现值都会非常低。前面我们提到，最优碳价格 $P_t = P_0e^{(r+a)t}$ 每一期都会随着净碳利率 $r+a$（贴现率+温室气体再吸收率）的上升而上升，也就是说，越早开始采取对策，解决这个问题的成本就越低。因此，以上分析显示，迟迟无法达成如何应对全球气候变化的国际共识，可能在将来会给我们带来更高的应对成本。

然而即使有欧盟这样很早就开始实施的地区，但如果不能在世界范围内统一实施，特别是在主要排放国之间无法进行统一实施的话，减排意义也将会大打折扣。因此，从全球范围来看，与其加快提升部分国家和地区的碳价格，不如确立能够长期稳定实施的统一规则，并制定实施协议的框架。即使实施时间比较滞后，也许比部分国家和地区的碳价提升仍更重要。从这个意义上说，主要国家在 2021 年 4 月的气候峰会上达成的共识是一个很大的进步，这将会影响所有经济主体的合作态度，并产生实现协议目标的推动力。

但是，政府间的国际协议本身并不能改善事态。国际协议的作用是使各国转变态度，采取更加积极的行动，在全球范围内提高碳定价或温室气体减排技术的影子价格，促进非官方企业的技术开发和引进。这一点与我们下面的论述密切相关。

3. 第三个挑战：技术进步的速度

解决全球气候变化问题最根本的方法是技术进步。如果不普及能够代替化石燃料的清洁能源，这个问题就无法得到解决，因此，促进相关技术的开发和普及才是全球气候变化问题最基本的解决方法。制定最优碳价格的目的也是提高技术进步的社会价值和延缓其实施的成本，促进开发的加速和普及。

在前文（3.1）式设想的技术进步中，存在温室气体减排和大气再吸收这两种技术。假设我们现在投资一种在任意未来 t 期能去除一单位温室气体的新技术——例如，通过基因工程制造出一个“吃碳树”，将来消除一单位温室气体的成本的折现值为 $P_te^{-rt} = P_0e^{(r+a)t}e^{-rt} = P_0e^{at}$，这意味着其价值的折现值独立于贴现率 r。如果 $a=0$，那么这项创新的当前贴现价值与它在未来的回报有多远无关；如果 $a>0$，在 t 期新技术的价值比贴现率增加得快，其现值随时期 t 而增加。换句话说，新发明是现在进行的，其价值会在将来恒定持续地增大，因此其将来价值不会打折扣。

如果在某个将来的时间 t 点，温室气体减排新技术的效率 μ_t 以 $d\ln\mu_t$ 的速率增加，则该成本降低的现值如下（每单位 $\ln\mu_t$ 的变化）：

$$e^{-rt}\mu_t^{-1}C_t'(s_t\mu_t^{-1})s_t$$
$$=e^{-rt}P_ts_t.$$
$$=P_0e^{at}s_t$$

这里，创新的单位价值与贴现率 r 无关，即使 $a=0$，也与 t 无关，但是增量成本的减少也是可伸缩的，因为它适用于所有的 s_t。随着时间的推移，排放减少量 s_t 也会随着碳价的上升而上升，收益发生的时间越远，其现值就越大。从现在到将来的整个期间温室气体减排技术进步的价值如式（3.3）所示：

$$W_{\ln\mu} = P_0\int_{t=0} s_te^{at}\mathrm{d}t. \tag{3.3}$$

如果 $a=0$，由此产生的收益在未来的整个期间都适用于相同的权重。如果 $a>0$，则由此产生的收益将来比现在具有更大的权重。这意味着，提高每单位温室气体能源利用效率的新技术，例如发动机降油耗技术，将在未来具有更高的价值。

4. 第四个挑战：创新技术自由竞争的制度环境建设

迄今为止，在应对全球气候变化问题国际共识的达成上，存在着一定程度的滞后现象。在这个问题上，上述（3.3）式对于理解政策延误可能带来的代价具有重要意义。具体而言，全球气候变化问题的最终解决方案，除了扩大可再生能源的利用、核能的安全稳定利用、现在还不存在的替代能源的开发和普及，以及通过提高化石燃料的利用效率带来温室气体减排以外，未来还有可能甚至开发出温室气体减排的划时代新技术。因此，现在让我们来思考一下温室气体减排新技术的研发投资问题。

对温室气体减排新技术进行投资，我们通常需要理清两个条件：一是初始碳价格 P_0，表明温室气体的稀缺性价值；二是该价值在未来的动态变化需要得到确认。如果能够明确这两个条件，即使开发推迟到 d 年，在此期间即使无法获得收益，也不会对温室气体减排技术进步的现值和社会增益产生太大影响。假设全球气候变化的应对策略延迟到 d 年才开始，那么在此之前没有任何成本负担所排出的全球温室气体，会导致和最终目标时点的温室气体排出约束条件 $Q_T = \overline{Q}$ 的距离缩小。因此到那个时候，不仅碳价 P_d 会以高于贴现率的速率上升，所需的排放削减量 s 也会增加。结果是，温室气体减排新技术的现值及其社会收益不仅不会受到很大的损害，反而可能会因全球气候变化应对策略的延迟而增加。

简而言之，新技术开发的时间越晚，对其开发的需求和预期收益就越大。因此，计划周全的新技术开发的收益不会因为开始时间的推迟而大幅下降。而且，如果温室气体减排带来的社会效益归根结底只能通过目前还无法预见的划时代的技术进步来获得的话，那么温室气体排放应对策略滞后，导致碳价格暴涨，从而吸引新技术的投资，促进划时代技术的出现，将会提高长期的社会收益。近年来快速的减排新技术进步证明了这一观点。因此，我们也完全没有必要对政策的滞后感到悲观。

但是，该模型的前提是最终对温室气体排放实施正确的定价策略。比起加快政策实施，更重要的是制定正确的政策，为未来的碳价格水平和未来的实践路径做出可靠的承诺。由于技术路径的不确定性，与其仓促地引进尚未成熟的技术，也许不如等待开发出更有效的新技术。特别是随着碳税的引入和碳价格的上涨，会开发出现在无法预料的新技术，它们很有可能成为最终解决全球气候变化问题的方法。以领导人气候峰会为契机，随着全球关注的高涨，各种新技术诞生的可能性正在增加。但是，如果企业不积极采取应对措施，减少产品对温室气体的排放，企业有可能立即失去其当前市场。在这一方面，近年来不断发展的新能源汽车市场是一个典型案例。

此外，值得指出的是，碳价格 P_t 不仅仅是指政府征收的碳税或者配额总量约束条件下通过碳交易形成的碳价，还可以解释为更广泛地影响经济主体行为的因素。以领导人气候峰会为契机，对全球气候治理和替代能源的社会关注，本身就是提高未来新市场的预期收益率、促进新技术开发投资的巨大诱因。可以认为，这些因素都包含在 P_t 中。更重要的是，我们要建立一个平等竞争的市场环境和营商环境，使各经济主体可以从具有风险性的研究开发投资中获得收益。随着人们对未来即将开启新能源革命的认识越来越强烈，新技术的研究和开发的竞争也会越来越激烈。这种技术开发、引进和普及的竞争环境，可能才是应对全球气候变化的框架中最重要的一环。

二、气候变化与政府的作用

（一）正外部性：技术进步的增长促进效果

在当前中美竞争日趋加剧的背景下，受到美国拜登政府重新重视应对全球气候变化政策的影响，如何提高对全球气候变化风险的认识、合理应对低碳转型风险快速上升等问题，已经成为世界范围内亟待解决的重要课题。对此，以彻底革除化石燃料为目标的新能源革命应运而生，各类新技术呈现出加速发展的趋势如各种可再生能源的电气化以及储能和输电系统开发，二氧化碳的回收利用，氢能源的开发，车辆、船舶和飞机等运输设备和电器产品的节能脱碳化等。但是现阶段，各类减排和脱碳技术仍然处于开发初始阶段，各项技术并不够成熟，而且成本较高。

如今，全球各国均纷纷确立了预计在21世纪中期左右实现的碳排放目标。其中，中国提出的“3060”双碳目标极具代表性。这是国家经过深思熟虑作出的重大战略部署，也是有世界意义的应对气候变化的庄严承诺。“双碳”战略不仅体现中国推动构建人类命运共同体的使命担当，也是中国高质量发展的内在需求。由此可以预见，在未来100～200年的时间里，清洁能源将成为世界主流。虽然这段时间与人类的寿命相比是长期的，但是如果将其看作气候变化和能源革命等人类历史上的重要事件，是对现有社会经济体系进行的一场广泛而深刻的系统性变革，这段时间又显得极其短暂。

全球气候变化问题还可以被看作是人类为了保护地球而进行的，针对自身行动的战斗。一般来说，战争需要耗费大量的资金，从而会影响到产业进步和国家未来的长期发展和经济繁荣。与此同时，在与二氧化碳等温室气体的战斗中，除了传统的物理性和化学性温室气体排放削减技术外，我们还逐渐开始开发和使用各种新型减排技术。尽管这些新型技术往往价格昂贵，广泛投入使用还需要时间，但是多样性技术的研究开发本身便是促进国民经济全行业发展的重要推动力，其更像促进产业创新和扩大经济的“活性剂”，能够给世界带来不同于战争本身的持久性影响。事实上，过去依托战争出现的技术突进也作为核心技术在世界范围内被广泛利用，如火箭、原子能、飞机、船舶、互联网等，当初用于军事的技术，后来被广泛民用，市场和竞争不断扩大，形成了全球性的新市场。

全球气候变化问题是迄今为止人类从未经历过的针对共同敌人的全球性战争。自 18 世纪工业革命以来，人类大量燃烧化石燃料（如煤、石油等），向空气中排放了大量温室气体，使温室效应加剧，其影响也将波及今后几个世纪。可以预见能源问题是人类迟早要面对的课题，以 100 年为单位来考虑的话，应对全球气候变化策略同时也是人类的能源对策。

在被称为终极能源的核聚变还无法预测的今天，人们只能大量利用水来生产氢能，世界各个国家的竞争也日趋激烈。例如，利用风力和太阳能发电获得的电力将海水电解得到的氢作为能源，就有可能制造出不需要补充燃料的船舶。如此一来，能源运输这一概念本身就会发生变化，一个能源自产自销的新世界或将出现。对于中国来说，如果在保持特高压输电技术世界领先的情况下，能够在氢能源上再度领先世界，其国际竞争力将得到大大的强化。近年来，中国、美国、俄罗斯、印度等国家再次开展探月计划，在月球上发现了大量的冰，通过太阳能发电分解氢气和氧气，人类长期滞留在月球存在可能。预计氢能源的开发将飞速发展，但如何筹集资金是一个问题。

另外，对于提升可再生能源效率和原子能开发的相关技术也在逐步提升，二氧化碳的地下储存和降低电力使用量的节能技术也在研究研发当中。在未来，甚至可能会出现一边吸收二氧化碳一边行驶的新能源汽车，一切都会成为可能，技术进步无法预料。彼时，企业之间、产业之间以及国家之间的竞争维度将会发生巨大变化，产业结构的变化能够为人类带来的福祉超乎想象。

如果我们进一步扩大视野，将全球气候变化视为大气这一稀有资源的国际公共品的管理问题，其他共同的课题还有微塑料造成的海洋污染、濒危物种的灭绝、森林的破坏等。那么，国际社会现在正逐步推进的全球气候变化应对策略，作为解决国际公共品相关问题的典型案例，对于其他需要国际共同努力和合作的问题，也具有非常重要的借鉴意义。

（二）从合作到竞争：围绕技术进步的国际竞争

由图 3 –2 可知，目前世界第一、第二和第三大温室气体排放经济体是中国、美国和欧盟，其排放量总和超过世界总排放量的一半。因此应对全球气候变化想要取得进展，中国、美国和欧盟的应对策略至关重要。整体排放量排在第三位的欧盟率先导入了碳税和碳排放交易权的应对对策。而且，经过漫长而艰难的国际协商，全球各国终于在 2021 年 4 月举行的领导人气候峰会上达成协议，将全球气候治理推向了一个新的发展阶段。

但是，一方面，我国以依赖廉价煤炭能源为增长原动力，在持续高速增长的情况下，想要快速过渡到清洁能源并不容易。因此，国家发布了一系列指导意见，纠正“一刀切”停产限产或“运动式”减碳，旨在稳步推进高质量发展、做好碳达峰碳中和工作。另一方面，拥有众多化石能源产业的美国，还曾一度宣布脱离《巴黎协定》。尽管全球气候治理被认为是在中美竞争加深的大背景下为数不多可以加强合作的主题，但是，我们也要注意到美国的真实意图，其实是希望通过限制廉价煤炭能源的使用来削弱中国的竞争力。另外，从长期来看，如果落后于全球快速的技术进步，并被排除在能源革命之外，中国将失去国际竞争力和世界市场。

在世界快速发展的大背景下，随着技术的加速进步，新能源取代化石能源已成定局。从工业革命以来的人类历史来看，能源新技术是各国增强国际竞争力和实现繁荣的源泉。中美两国积极应对全球气候变化，是下一阶段国际竞争的一个重要组成部分。从这个意义上来说，解决包括全球气候变化问题在内的国际公共品问题的关键可能不是各国之间的协调，而是促进各国的竞争。

承担技术进步这一原动力的主体不是国家，而是独立承担风险、推进新技术开发的企业和个人。他们其中大部分可能会失败或无法取得预期的成功，但是，从宏观经济的视角来看，正是竞争过程促进了经济增长，激发了世界整体的增长潜力，这将提高理论模型中使用的贴现率，降低温室效应可能导致的未来成本的折现值，从而提高温室效应新技术的收益率。

（三）营造平等健康的竞争环境和灵活的监管环境

政府的重要职责之一就是建立和营造一个长期稳定且平等竞争的市场框

架与营商环境，让每一个个人和企业都能发挥自己的创造性，在承担风险的同时，享受发展成果。如果过早地实施某些规范性或约束性的监管制度，那么技术革新的萌芽可能就会被扼杀。围绕全球气候变化问题的技术革新是一个非常重大的课题，为了加强国际竞争力，我们必须创造出能够随着技术进步而灵活改变的监管环境。

三、气候变化与银行的社会责任

（一）银行业的风险承担能力和收益机会：广泛的交易范围和长远的视野

银行与一般企业不同，拥有接受公众存款的牌照，具有特殊的地位，出于维护公共利益、造福社会等目的，为公众提供金融服务。为了保护公众的存款，银行受到包括存款保险制度等在内的制度保护和监管。特别是国有银行，还体现着国有资本意志，本质是为人民服务。如果说实现资产在规模、期限和风险上的转换是银行的主要业务，那么银行的收益源泉就是其客户在长期所能获得的收益。因此，以包括资金运用的目的、项目实现的可能性、客户过去的业绩等多种信息为基础，预测未来的盈收能力才是银行创造收益的核心能力，同时也是银行的社会责任。由于银行的客户广泛分布于企业、公共机构和个人，遍及国民经济整个行业，因此对各行业特征风险具有一定的对冲能力。以这种对短期及个体风险的对冲能力为基础，从涉及长期的经济全领域的总体收益中获得所谓的风险溢价，是银行的主要商业模式之一。该领域是没有其他竞争的垄断领域，也是银行业收益最高的事业领域。

（二）能源革命

由于迄今为止替代能源的技术限制，全球气候治理的焦点是关于碳价等成本负担的讨论。但是，随着广义碳价格 P_t 的上升，技术进步不断加快，如前所述，使用氢能作为替代能源的氢供应链等新能源构想也在不断推进。从化石燃料到氢燃料等新能源带来的能源革命，可能是远远超过 18 世纪中期的产业革命的重大变革，对银行业来说也是前所未有的机遇。21 世纪的技术进步正在以前所未有的速度推进。展望未来，现在就需要确定对什么样的技术提供资金支持。当然，除了提供在规模、期限以及风险上的资产转换之外，银行作为社会基础设施，还承担着向客户提供日常结算和资金管理服务的社会性职责。但是，随着科学技术的进步，这一领域正在逐渐被数字化和系统化所替代。而且，由于技术的飞跃进步，金融领域的其他新兴科技型企业，由于基本没有基于传统技术投资所带来的沉没成本而极具竞争力，因此银行业面临着激烈的竞争。今后，随着技术的进步，进入一个新领域会变得更加容易，竞争将会更加激烈，企业需要不断地进行新投资，才能在残酷的竞争环境中存活下去。

从长期的收益机会及其增长的角度出发，在新能源革命的大背景下，我们可以期待银行业能够在长期收益领域的资金分配上发挥重要作用。如今，全球气候治理的投资和研究开发在全球范围内不断扩大。这场新能源革命来之不易，同时也可能成为人类活动的历史转折点，因而是极为罕见的投资机会。而且，各国领导人在气候变化峰会上提出的温室气体实际零排放的目标时间点是21 世纪中期，即仅仅是几十年后，与通常的房地产和住房贷款的时间轴相同。在此期间，达成削减目标所需的资金规模在整个产业中都将是巨大的。展望未来，如何应对全球气候变化，是考验银行业本质作用和社会责任的机会。气候变化问题既是发挥银行业的长期视野和风险承担能力的真正价值的契机，也将为银行业在社会和经济体系中的定位和发展带来挑战。换句话说，一方面，双碳目标需要巨额资金投入，为中国银行业推进可持续金融发展创造出战略机遇；另一方面，双碳目标也对银行体系的气候处理能力提出挑战。

（三）银行业的咨询服务功能

全球气候治理的动向催生了巨大的技术开发需求，扩大了新市场，但也有很多企业现阶段的技术难以实现向减排转型。对大多数企业来说，为应对气候变化而进行的投资只会增加成本，从而导致企业综合竞争力下降。但是，这种环境变化对所有企业的影响是共通的，如果了解了竞争对手企业、行业和地区整体的应对状况，个别企业就相对更加容易应对。因此，银行作为整个行业和地区收集与使用信息的中心，可以充分利用其信息优势，实现其在绿色低碳转型中的咨询服务功能。从长期宏观视角看来，银行可以引导投资者对温室气体减排相关项目进行投资，从而为企业提供充足的投资资金，提高企业价值。因此，银行业的咨询服务功能是值得期待的。

（四）促进竞争和提供信息

重要的是，各国以及企业完成绿色低碳转型的激励，不应仅仅是以共同合作为基础以便减少温室气体排放量，同时也应引入相互竞争的模式。如前所述，过去几十年间，应对全球气候变化的国际合作历史表明，仅仅靠促进合作，事态难以有实质进展。只有当世界各国意识到新技术对未来市场的巨大潜力时，全球各国才更有可能在气候变化问题上取得共识，从而推动全球气候治理进程。而且，整顿当前以及未来市场的竞争环境和营商环境，并提供有关竞争和营商环境的信息，才是促使企业积极投资的最佳手段。

“3060”双碳目标的实现，本质上是一场以世纪为单位的能源革命。因此，除了与碳减排直接相关的领域之外，包括可能投资失败的领域在内，直接或间接与碳减排相关的投资对整个经济的波及效果将是巨大的。双碳目标的实现需要巨额资金的投入，同时也意味着庞大的新市场的出现。围绕新市场的竞争才是解决引起全球气候变化的温室效应问题的关键。新市场和新技术，不仅依赖金融体系提供必要的研发和生产运营资金，还需要进行新技术的鉴定与市场评估。只有这样，银行业才能做出适当的融资判断。也就是说，银行业不仅可以为温室气体减排项目提供项目贷款，也可以为减排项目的投资提供必要的风险分析与管理服务，即通过为企业家和投资者提供投资咨询服务，并利用其贷款来恰当有效地引导社会投资方向。同时，这也与银行期限与风险转换的主要业务模式息息相关。

总而言之，如果缺乏有效的巨额资金供给，依赖于新技术开发的全球气候治理就无法取得实质性的进展。从这个意义上说，无论是国际还是国内，在金融体系中占据主导地位的银行业，在全球气候治理中都将会是极为重要的角色，需要承担更多的社会责任。

第四章

双碳目标下碳定价的作用

一、引入碳定价的意义

过去数百年的工业化、城市化进程对人类的生存环境造成了广泛而深刻的影响。全球性的气候变化已成为21世纪人类共同面临的重大挑战。为了避免极端气候和生态危害，将全球气温升温控制在2℃以内，则需要全球在2070年左右实现碳中和；若欲将全球气温升温控制在1.5℃以内，则需要全球在2050年左右就实现碳中和。目前全球温控目标已被迫逐渐地由1.5℃调整至2℃。即使是这样，也亟须世界各国提出更加雄心勃勃的碳减排目标，并采取后续政策和战略来达成目标。

在各类碳减排战略和政策中，最受瞩目的当属碳定价政策。由于碳定价政策将碳排放成本和气候变化风险纳入价格体系并赋予其市场属性的创新方式，成为全球多国力争实现在21世纪中叶达到净零排放目标的重要政策工具。根据2021年5月25日世界银行发布的《碳定价机制发展现状及未来趋势2021》[①] 报告，截至2021年5月，全球已有67项碳定价机制正在实施或计划实施中，所覆盖的碳排放量占全球的21.5%。

碳定价政策主要包括碳税和碳交易两种类型。首先，碳税属于碳定价政策的一种，是指对二氧化碳的排放量进行的征税行为，由价格来引导行为，

---

① *State and Trends of Carbon Pricing 2021* [EB/OL]. https://openknowledge.worldbank.org/handle/10986/35620, 2021-05-25.

政府管理部门根据政策目标和市场需要来制定税率。全球各经济体中，实施碳税政策最早的地区是北欧国家。早在20世纪70年代，丹麦就已经同时对企业和家庭进行能源消费征税。之后经过持续改进，目前丹麦共设置了三个税种，分别是二氧化碳税、二氧化硫税和能源税。根据经济环境和市场状况进行结构调整后，2012年3月，丹麦政府在发布的新的能源执政协议[①]中，提出了2025年和2030年的各类型能源构成目标，并且规定将企业供暖用能源的二氧化碳税的有效税率调高到100欧元/吨二氧化碳，而且相应的税收体系也做了结构性调整。同为北欧国家的芬兰，其碳税政策主要是能源税和碳税。过去几十年间，芬兰的碳税税率也从低到高逐步进行了调整。

之后，欧美发达经济体，例如美国、德国等国，都纷纷开始实施税制绿化策略。截至目前，美国在部分州已经实施了碳税交易计划。但是，出于政治等原因，尚没有在全国推行。同时，美国认为提高碳边境关税有利于企业更好地转移生产成本，但是这对于其他国家来说将存在极大危害。

随后实施碳税措施的是日本、新加坡等国家。2020年10月，日本首次提出低碳发展目标，即在2050年实现碳中和，并将“经济与环境的良性循环”作为经济增长战略的支柱，最大限度地推进绿色社会发展。同年12月，日本政府发布《2050年碳中和绿色增长战略》，为日本在2050年实现零碳排放量的目标指明了方向。但是，目前日本核电产业发展前景并不乐观。对此，日本计划进一步推进研发高效燃煤技术，尽管新型高效燃煤技术的碳排放量仍然较高，并不能减少总体成本和抑制碳排放量。

伴随着全球在应对气候变化上达成共识，以及《巴黎协定》等国际协议的推进，新加坡也于2017年开始提议征收碳税，并于2018年3月20日通过《碳定价法》并于2019年起正式实施。该法案主要针对大型排放者进行碳税的征收，未来有望在2024年和2025年逐步提高碳税，由当前的5新加坡元/吨二氧化碳增加到25新加坡元/吨二氧化碳，到2026年和2027年提高到45新加坡元/吨二氧化碳，到2030年达到50~80新加坡元/吨二氧

---

① 丹麦能源政策，https：//ens. dk/sites/ens. dk/files/EnergiKlimapolitik/aftale_22 - 03 - 2012_final_ren. doc. pdf，2012 - 03 - 22.

化碳。[1]

其次，碳排放交易市场是指将碳排放的权利作为一种资产标的，来进行公开交易的市场。也就是说，碳交易的核心是将环境“成本化”，借助市场力量将环境转化为一种有偿使用的生产要素，将碳排放权这种有价值的资产作为商品在市场上交易。碳交易的运行机制是政府确定整体减排目标，采取配额制度，先在一级市场将初始碳排放权分配给纳入交易体系的企业，企业可以在二级市场自由交易这些碳排放权。一方面，受到经济激励，减排成本相对较低的企业会率先进行减排，并将多余的碳排放权卖给减排成本相对较高的企业以获取额外收益。另一方面，减排成本较高的企业则通过购买碳排放权来降低碳排放达标成本。有效碳市场的碳排放权的价格就是企业的边际减排成本。在企业微观决策上主要是将碳减排成本、超额碳排放成本、购买碳配额的成本与超额排放生产带来的收益进行比较，并作出相应决策。

具体而言，碳交易市场遵循“总量控制—交易”的原则，政府确定稳定或逐步降低的碳排放总额，并分配给各排放主体碳排放配额，代表各排放主体每年能够无偿排放的二氧化碳上限，1 单位的配额代表 1 吨二氧化碳排放量（tCO_2）。各排放主体实际碳排放量须低于配额，否则要在市场上购买碳排放配额，而排放低于配额的排放主体也可以将过剩的额度拿到市场上交易。在这一市场交易的过程中，碳配额价格得以确定。在碳交易市场上，减排成本较低的企业可以进一步加大减排力度，将额外的碳配额出售给减排成本高、碳配额不足的企业。碳交易机制下，“降碳”直接影响各排放主体的收益与成本，而拥有明确定价、可交易的碳配额将成为一种资产，可以引导更多社会资源参与到碳市场中，最终经济高效地推动整体降碳目标的实现。碳交易市场的优点是可量化减排目标企业有减排的经济激励，缺点是需核查每家企业的排放量，比较复杂。

目前，我国推行的碳定价政策主要是碳排放权交易制度。自 2013 年起我国已陆续在北京、天津、上海、重庆、深圳、广东、湖北 7 个试点省市开展了碳排放权交易机制；并且，我国于 2015 年提出将逐步建立全国碳排放

---

① 碳市场专题报告：碳市场建设稳步推进，林业碳汇成新热点［R］. http：//www. iwencai. com/unifiedwap/infodetail？uid = 9b280ddda7a0a7ee&w&querytype = report，2022 - 07 - 13.

权交易市场；2017 年 12 月，全国碳市场的启动标志着其顶层设计工作基本完成；2018 年，气候变化主管部门从国家发展和改革委员会（以下简称“发改委”）转为生态环境部，全国碳市场进入基础建设阶段，相关工作也在 2019 年得到进一步加速推进和落实。

2020 年，突如其来的新冠肺炎疫情给人们的生产生活都带来了巨大的影响。然而，中国不仅仍然恪守气候承诺，而且 2020 年 9 月 22 日，习近平总书记在第七十五届联合国大会一般性辩论上向全世界郑重宣布，“中国将提高国家自主贡献力度，采取更加有力的政策和措施，二氧化碳排放力争于 2030 年前达到峰值，努力争取 2060 年前实现碳中和”①。时隔一年，2021 年 9 月 21 日，习近平总书记在第七十六届联合国大会一般性辩论上再次强调，“中国将力争 2030 年前实现碳达峰、2060 年前实现碳中和，这需要付出艰苦努力，但我们会全力以赴”②，充分表达了中国实现这一战略目标的决心。2021 年 9 月 22 日，中共中央、国务院发布《关于完整准确全面贯彻新发展理念做好碳达峰碳中和工作的意见》，对努力推动实现碳达峰、碳中和目标进行全面部署。我国双碳目标的提出，以及党中央和国务院的双碳工作部署，不仅高度契合《巴黎协定》的相关要求，是全球实现温控目标的关键，也进一步对碳定价政策在我国的施行提出了更高要求，即提升碳价的同时，扩大碳定价政策覆盖范围。

2021 年是全国碳市场开始运行的元年。2020 年 12 月 31 日生态环境部发布《碳排放权交易管理办法（试行）》并于 2021 年 2 月 1 日起施行，标志着中国的碳市场交易从试点走向全国统一，全国碳市场迎来了第一个履约周期（2021 年 1 月 1 日至 2021 年 12 月 31 日）。2021 年 7 月 16 日，在前期地方层面碳排放交易试点的基础上，中国全国性的碳市场正式上线交易，这也标志着全球覆盖温室气体排放量规模最大的碳市场正式成立。在双碳目标下，未来我国碳排放权交易市场机制将进一步趋于成熟，并探索开展碳税试点，推动完善碳价格形成机制，充分发挥碳价格在应对气候变化方面的信号

① 习近平在第七十五届联合国大会一般性辩论上的讲话（全文）［EB/OL］. 人民政协网，http：//www. rmzxb. com. cn/c/2022 - 03 - 03/3062746. shtml，2022 - 03 - 03.

② 习近平在第七十六届联合国大会一般性辩论上的讲话（全文）［EB/OL］. 新华社，https：//baijiahao. baidu. com/s? id = 1711541715501716359&wfr = spider&for = pc，2021 - 09 - 22.

作用。

尽管碳税和碳排放权交易体系各自发挥功能的机制、实施的效果以及在不同国家和地区的适用情况都不尽相同，但是这两种制度安排作为执行碳定价政策的两种主要方式在本质上是相似的，即主要通过发挥价格信号的作用，在积极引导经济主体降低温室气体排放量及减少环境污染行为等方面所能发挥出的显著作用是毋庸置疑的。具体而言，碳税和碳排放权交易体系在推动经济社会发展的绿色低碳转型上的作用，主要体现在以下三个方面：

（一）有效促进我国的节能减排

修正后的KAYA恒等式为：

二氧化碳排放量 = GDP × 单位 GDP 能源消费强度 × 单位能源碳排放强度

从上式中可以看出，二氧化碳排放与经济发展之间存在着一定的同向变动关系。在实现我国经济持续发展的同时，实现双碳目标的关键就落在了降低我国单位 GDP 能源消费强度和单位能源碳排放强度之上。

一方面，通过给碳排放权定价，使其成为控排企业在其生产经营过程中所不得不考虑的一项重大成本。短期内控排企业将缩产减量，中长期内高污染、高排放的粗放式生产单位将被迫退出市场或转型，从而达到在“量”上二氧化碳减排较为显著的持续性效果。

另一方面，当控排企业支付碳价的成本已经大于其应用绿色技术的成本时，企业将主动寻求技术替代，降低额外成本。与此同时，技术创新或替代也将改变企业现有的生产要素规模、结构与配置，提升边际生产效率，使其投入产出与原生产模式下相比更为经济富产。而控排企业在其末端治理方面所采用的碳捕集、使用与封存技术（Carbon Capture and Storage，CCS）等污染处理技术也将直接减少大气中的二氧化碳。由此，碳定价政策又从“质”上根本性地降低了单位二氧化碳排放强度。

综上所述，碳定价将碳排放权商品化后纳入市场体系，可有效抑制人们生产生活的负外部性，可从质（单位能源碳排放强度）和量（单位 GDP 能源消费强度）两大方面着手，促进我国的节能减排，推动我国的能源结构调整，从而实现在双碳目标下我国社会经济的低碳转型。

（二）有利于我国绿色低碳技术的发展创新

就企业微观层面而言，碳定价政策明确了我国的环境监管导向，有效降低了企业投资的不确定性，使企业更有动力通过进入政府扶持产业、投资和应用清洁技术等方式而降低适应环境规制的成本，不再局限于一时的缩量减排以及大气污染物处置和减缓气候变化相关的末端治理技术创新，而是向可再生能源等要素供给端和生产效率提升等生产过程中的技术创新迈进。

在宏观资源配置层面，碳定价将绿色资金引入碳减排领域，对绿色技术创新及其大规模应用形成强有力的支撑，淘汰落后技术，且技术创新的溢出效应将进一步放大碳定价的政策效果，从而形成一个良性循环。

（三）缓解双碳目标下低收入群体面临的公平性问题

在双碳目标下，一方面我国能源结构的转型将导致能源价格上涨，而由于低收入群体对能源等生活必需品的支出占比较高，能源价格的上涨势必对低收入家庭产生较大的冲击；另一方面在双碳目标的推动下我国的产业结构也将进行调整，由此带来的劳动力需求的变化将导致劳动力迁移或结构性失业，使得部分高排放、高污染企业的员工面临收入降低或失业的困境，社会性弱势群体扩大。

此种情况下，碳定价政策一方面可将对高排放单位碳排放权计费所得的政策收益进一步投入绿色可持续发展项目之中，或通过减税、政府转移支付减少税收扭曲等方式来提高低收入群体的实际收入水平；另一方面通过抑制国外高污染、高耗能产业的承接，带动大气治理，降低对居民健康的负面影响来提升低收入群体的社会福利水平。因而，碳定价政策势将成为双碳目标下缓解低收入群体公平性问题的一剂良方。

二、碳税在全球的发展现状及面临的挑战

根据世界银行在《碳定价机制发展现状及未来趋势 2021》中的统计结果，截至 2021 年 5 月，全球已有 32 个国家和地区设立了碳税，且有相关数

据表明碳税已对这些国家或地区的温室气体减排和经济低碳转型发挥了积极作用。[①] 而在我国，考虑到政府预先设定一个合理有效的碳税较为困难以及碳减排量的不确定性等问题，现阶段并未采用碳税政策，但未来我国有望将碳市场与碳税相结合，以积极发挥碳税的重要补充作用。当前我国碳税设计中面临的挑战主要源于以下两方面：

（一）课税对象和征收范围的确定难以抉择

狭义而言，碳税的课税对象主要有燃料含碳量和二氧化碳排放量这两种选择。相较于将燃料含碳量作为课税对象将面临的其与碳减排量核算匹配程度不高、不确定性较大的窘境，选择覆盖范围更广的二氧化碳排放量作为课税对象似乎更能实现我国的社会福利最大化。但事实上，若将碳税按照二氧化碳排放量从量计征，其所必需的“碳排放监测、报告、核查”（Monitoring，Reporting and Verification，MRV）建设成本高昂且非一日之功，碍于当前我国 MRV 的建设尚不成熟，为今的权宜之计似乎不得不选择燃料含碳量作为课税对象，可此种选择势将导致碳税环保治理功能大打折扣，故仍有待商榷。

此外，就碳税的征收范围而言，究竟是对下游中小企业进行征收，还是直接选择对产业链上游企业征收，也面临着相似的困境。理论上选择对下游中小企业征收碳税和进行碳监管可以优化“碳封存”效果，但当前我国产业链上游企业大规模垄断集中而下游中小企业又零散碎片化的局面势必会大幅提高对下游中小企业的征管成本，导致其经济效益低下。而若直接选择对产业链上游企业征收碳税，碳捕获漏损的弊端便难以避免。

（二）碳税的累退性质与再分配效应

碳税作为一种“从量课征”的税种，其天然具有收入再分配效应，也注定了其在比例上不可避免地具有累退性，将在一定程度上增加低收入群体的税负，并扩大不同收入群体之间的财富差距，即产生“劫贫济富”的再

---

① *State and Trends of Carbon Pricing 2021* [EB/OL]. https：//openknowledge. worldbank. org/handle/10986/35620，2021－05－25.

分配“反罗宾汉效应”。此外，我国不同地区之间经济发展水平的实际差异较大，如果只是按照“一刀切”的标准强行开征碳税，不具备相应的灵活性，势必会对中西部新兴经济大省经济的进一步发展造成较为严重的负面影响。

因此，如何在节能减排、加速我国能源结构调整转型的同时又建立健全针对低收入群体的利益再分配补偿体系和制定适宜不同地区经济发展水平的碳税政策，成为摆在我国碳税机制设计面前的又一大难题。

（三）如何使用碳税收入

皮尔斯（Pearce）在20世纪90年代提出了环境税的“双重红利理论”，在庇古税中也可以找到双重红利理论的观点。而碳税实质上也是环境税的一种，其实行的理论依据在于，消费端征收的碳排放定量税既能促进节能减排，还能够降低税收的扭曲性成本，实现资源配置效率增进，从而产生碳税治理的环境质量保护与经济增长拉动的“双重红利”。

而建设碳税收入返还机制便是碳税得以实现其双重红利效益的重要方式，但在如今，减免企业负担以推动新冠肺炎疫情下复工复产、经济高质量发展模式转型、内循环格局调整、“碳达峰”与“碳中和”减排压力大等多重目标的重叠之下，如何将碳税收入进行合理的资金配置应予以重点关注。在充分考虑我国国情的基础之上，此时分阶段地拆解目标以解决经济社会的最主要矛盾，灵活调整、平稳过渡似乎更具有可行性。

比如受到新冠肺炎疫情的严重冲击时，企业的生存受到了严峻的挑战，占企业负担大部分的社保缴费应予以率先补偿，以帮助企业纾危解困。而为了应对中美贸易摩擦潜在的各种威胁，一旦出现骤然加征关税的突发状况，补贴消费以扩大内需，贯通内循环就变得异常重要了。另外，在经济发展受阻而停滞的情况下，抵消资本税则可以起到更有效提振经济的作用。最后，“碳达峰”与“碳中和”实际上的减排压力很大，而将碳税收入直接用于专项的低碳经济、环保治理津贴，可以起到“双管齐下”的作用，取得更好、更快的碳减排效果，按时按量地完成“碳达峰”与“碳中和”减排任务。

三、碳交易在全球的发展现状及面临的挑战

（一）代表性国家和地区的碳排放权交易体系

目前，世界范围内尚未建成统一的碳交易市场。全球除中国外的主要碳交易市场包括芝加哥气候交易所（CCX）、欧盟碳排放权交易体系（EU-ETS①）、区域温室气体倡议②（RGGI）等（见表4－1）。基于地区市场的特殊性和可研究性等原因，本书选取其中三个碳交易市场重点展开分析。

表4－1　　欧盟碳排放权交易体系四个阶段发展情况

阶段	时间	特征
第一阶段	2005～2007年	碳排放交易的试验性阶段，采用自下而上的方式确定配额分配，以免费发放为主
第二阶段	2008～2012年	交易体系不断完善，配额分配方式与第一阶段一致
第三阶段	2013～2020年	实行欧盟范围内统一的排放总量控制，逐渐以拍卖替代免费发放配额
第四阶段	2021～2030年	建立市场稳定储备来平衡市场供需

资料来源：欧盟碳市场经历了四个阶段［EB/OL］. 中国碳交易网，http：//www. tanpaifang. com/tanjiaoyi/2022/0220/82768. html，2022－02－20.

1. 欧盟碳排放权交易体系（EU-ETS）

自2005年建立以来，欧盟碳排放交易体系经历从探索到成熟的四个发展阶段。在第一阶段（2005～2007年），此时纳入碳交易体系的公司包括发电厂和内燃机规模超过20兆瓦的企业（危废处置和城市生活垃圾处置设施除

① ETS即为Carbon Emissions Trading System（碳排放权交易体系）的简称。2005年启动的欧盟碳排放交易体系（EU-ETS）是世界上第一个引入强制碳减排的计划。目前，参与EU-ETS的企业大约占欧洲温室气体排放量的45%，主要应用于电力、燃气、炼油、钢铁、原料制造和商业航空等能源密集型行业。中国“十二五”期间开始加强控制温室气体排放，试点建立自己的碳排放交易体系。

② 区域温室气体倡议是北美最早的碳市场，涵盖了美国东北部九个州的电力行业，并且其配额几乎全部拍卖。

外），以及炼油厂、焦炉、钢铁厂、水泥、玻璃、石灰、陶瓷、制浆和纸生产等各类I业企业。第一阶段为碳排放交易的试验性阶段，此阶段的温室气体仅局限在排放量占比最大的二氧化碳。配额分配上，采用自下而上的方式来确定，即欧盟成员国制定国家分配计划（NAP），经过欧盟委员会审查后，配额被分配到各个部门和企业。配额的分配采用拍卖和免费发放相结合的方式，以免费发放为主。由于配额供给过度，配额价格曾一度逼近0欧元/吨。

在第二阶段（2008~2012年），2012年控排单位引入航空公司，同时交易体系也扩展到了冰岛、列支敦士登和挪威。经过前期的试验阶段，交易体系不断完善，配额分配方式与第一阶段一致，配额免费分配比例约占90%；配额总量略有下降，但恰逢全球金融危机和欧洲债务危机，经济发展承压，能源相关行业产出减少，配额需求急剧下滑，交易价格并无明显上升。

在第三阶段（2013~2020年），纳入碳捕捉和储存设施、石化产品生产、化工产品生产、有色金属和黑色金属冶炼等单位。第三阶段欧盟对碳排放额度的确定方法进行改革，取消国家分配计划，实行欧盟范围内统一的排放总量控制；在配额的发放上，逐渐以拍卖替代免费发放。

在第四阶段（2021~2030年），2018年完成系统框架的修订，于2021年1月开始实施第四阶段交易。此外，欧盟碳市场于2019年初建立了市场稳定储备机制（MSR）来平衡市场供需，应对未来可能出现的市场冲击。MSR机制的推行减少了初始拍卖的配额数量，对于稳定碳交易价格具有重要作用。通过采取不断调整市场配额总量、拍卖配额比例以及提高超额排放惩罚等一系列措施，欧盟碳市场的金融化程度不断提高，碳价发现功能逐渐增强，至2020年已提升到30欧元/吨以上（汪惠青，2021）。欧盟碳排放权交易市场“自上而下”的模式，有效发挥了政府的主导作用，使欧盟碳排放权交易市场迅速成长为全球最大的碳市场。

图4-1描述了欧盟碳排放权交易体系2005~2022年碳成交量及结算价格的变化情况。从图中可以看出第一阶段不允许未用完的配额转至下一阶段使用，二氧化碳价格暴跌；第二阶段市场预期能源价格下跌，碳价回升，但是金融危机爆发，欧洲债务欧危机随即发生，碳价低迷；第三阶段前期碳配额供给大于需求，部分国家气候政策反复，导致碳价较低，后期EU-ETC改革，MRS机制即将实施，市场产生预期，价格回升；第四阶段，经济复苏，

供给减少，各国气候政策积极，碳价持续升高，最近由于疫情有所下滑，但是总体态势较好。

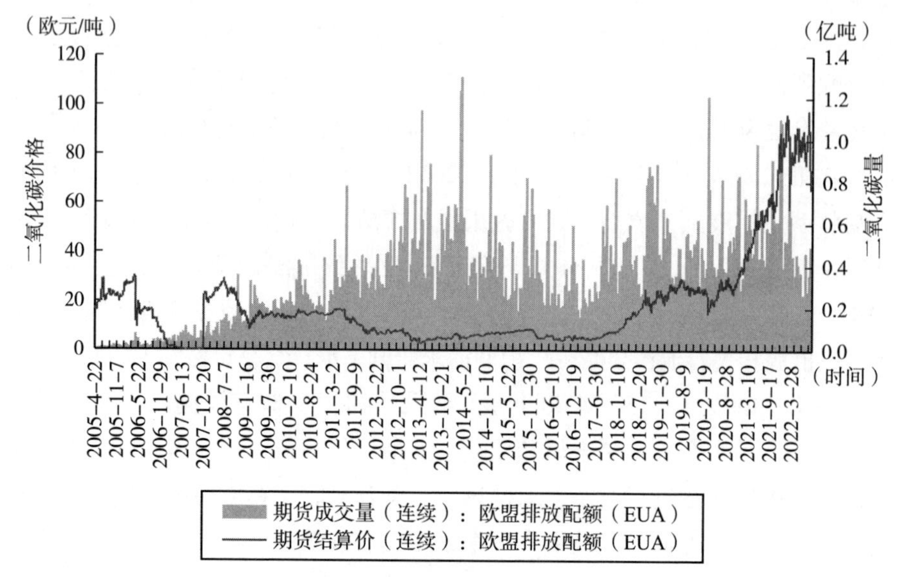

图 4-1 欧盟碳市场碳价变化

资料来源：万得（Wind）数据库。

2. 美国碳排放权交易市场

美国区域温室气体减排行动（RGGI）是美国第一个以碳市场为基础的强制性减排体系。它针对电力行业，覆盖包括东北部和大西洋中部在内的康涅狄格州、特拉华州、缅因州、马里兰州、马萨诸塞州、新罕布什尔州、新泽西州、纽约州、罗得岛州和佛蒙特州共 9 个州（新泽西州在 RGGI 实行第一阶段结束后退出）的市场强制性总量控制与交易行动。电力行业碳排放总量较大，有较低的减排成本和较好的监管基础，因此 RGGI 强制要求区域内 2005 年后使用化石燃料发电大于或等于 25 兆瓦的电厂参与碳市场交易。

3. 韩国碳排放权交易市场

韩国是东亚地区第一个启动全国碳市场交易的国家。韩国碳排放权交易市场（KETS）自 2015 年 1 月在韩国全国范围内启动，初期对全部碳配额实行免费分配。在市场运行的第一阶段，由于配额逐年缩减，大部分配额被控排企业自持，市场配额严重不足，碳价呈现单边上涨趋势，企业减排成本较高。此外，由于配额紧缺，引发全国经济人联合会和产业行业的不满。为了提高市场活跃度，韩国碳市场交易机构积极采取灵活的措施推出碳信用等交易产品，鼓励企业出售配额，并积极鼓励金融机构参与交易。在第二阶段，韩国政府在全国碳市场建设过程中针对交易主体、碳配额分配方式等进行了一系列积极的探索和改革。

全球主要碳市场概况如表 4 – 2 所示。

表 4 – 2　　全球主要碳市场概况

交易体系	启动时间	配额发放方式
芝加哥气候交易所（CCX）	2003 年	拍卖
欧盟碳交易体系（EUETS）	2005 年	免费发放 + 有偿供给
区域温室气体倡议（RGGI）	2005 年	拍卖
西部气候倡议（WCI）	2007 年	免费发放 + 拍卖
新西兰碳排放交易体系（NZETS）	2008 年	混合式配额分配法
印度履行、实现和交易机制（INDPAT）	2009 年	免费发放 + 拍卖
中国碳排放权交易市场	2011 年	免费发放
澳大利亚碳排放交易体系（AUETS）	2012 年	拍卖
美国加州碳排放交易体系（CALETS）	2012 年	免费发放 + 拍卖
韩国碳排放权交易市场（KETS）	2015 年	由免费发放过渡到拍卖

资料来源：芝加哥气候交易所交易机制研究 [EB/OL]. MBA 智库，https：//doc. mbalib. com/view/2cf8f081515b7bfecf806cae022c1cbf. html，2015 – 07 – 26；全国碳排放权交易上线在即 浅谈配额分配及履约方式 [EB/OL]. 北极星大气网，https：//mhuanbao. bjx. com. cn/mnews/20210713/1163614. shtml，2021 – 07 – 13；欧美碳排放权交易市场对我国的借鉴意义 [N]. 国际金融报，https：//www. ifnews. com/news. html? aid = 174721，2021 – 07 – 16；电力行业碳排放配额分配研究 [EB/OL]. 中国碳交易网，http：//www. tanjiaoyi. com/article – 26331 – 1. html，2019 – 03 – 19；碳排放权配额分配的国际经验及对国内碳交易试点的启示 [EB/OL]. 国研视点，http：//d. drcnet. com. cn/eDRCNet. Common. Web/DocDetail. aspx? DocID = 3290775&leafid = 26706&chnid = 6823，2013 – 08 – 14；张益纲，朴英爱. 世界主要碳排放交易体系的配额分配机制研究 [J]. 环境保护，2015，43（10）：55 – 59；解读澳大利亚碳交易配额的分配方法 [EB/OL]. 中国碳交易网，http：//www. tanpaifang. com/tanzhibiao/201408/0436180. htm，2014 – 08 – 04；加州碳排放权交易的启示 [EB/OL]. 中国碳交易网，http：//www. tanpaifang. com/tanguwen/2018/1010/62361_4. html，2018 – 10 – 10；解读韩国碳交易市场运营机制政策和措施 [EB/OL]. 中国碳交易网，http：//www. tanjiaoyi. com/article – 6251 – 1. html，2015 – 01 – 06.

（二）中国碳排放权交易市场

1. “试点—扩散”

随着全球气候变暖带来的问题日益恶化，1997 年 12 月各国签订了《京都协定书》，旨在以法规强制的方式限制温室气体的排放量。中国也是其中一员，一直以来中国始终致力于控制温室气体的排放，缓解气候变暖所带来的危害。在各国积极采取各种应对措施的时候，中国也加入节能减排的大趋势中。

如表 4－3 所示，2011 年，我国提出开展碳交易试点工作。自 2013 年起，我国先后在北京、深圳、湖北、广东、上海、天津、重庆七个省市进行碳交易试点工作。2017 年 12 月，国家发展和改革委员会印发了《全国碳排放交易市场建设规划（发电行业）》，宣布开始正式启动全国性的碳市场，

表 4－3　　中国碳排放权交易市场："试点—扩散"的发展进程

日期	事件
2011 年 10 月	国家发展和改革委员会发布《关于开展碳排放权交易试点工作的通知》
2013～2014 年	北京、天津、上海、湖北、重庆、广东、深圳全国七省市开始碳排放权交易试点
2017 年 12 月	启动全国碳市场、制定路线图并得到国务院批准
2018 年	应对气候变化与发展碳市场职责从国家发展和改革委员会转移到生态环境部
2020 年 12 月	《碳排放权交易管理方法（试行）》发布（2021 年 2 月 1 日起施行）
2021 年 3 月	《碳排放权交易管理暂行条例（草案修改稿）》发布
2021 年 7 月	全国碳排放权交易市场正式开市

资料来源：国家发展改革委办公厅关于开展碳排放权交易试点工作的通知［EB/OL］. https：//zfxxgk. ndrc. gov. cn/web/iteminfo. jsp? id＝1349，2011－10－29；中国启动碳排放权交易市场［EB/OL］. 今日中国，http：//www. chinatoday. com. cn/zw2018/bktg/202108/t20210804_800254844. html，2021－08－04；国家碳市场路线图［EB/OL］. 中国碳交易网，http：//www. tanjiaoyi. com/article－22540－1. html，2017－09－25；中国碳市场发展与实践丨碳排放权交易管理暂行条例讨论会［EB/OL］. 中国绿发会，https：//baijiahao. baidu. com/s? id＝1698348955589690946&wfr＝spider&for＝pc，2021－04－29；中国生态环境部．碳排放权交易管理办法（试行）［EB/OL］. https：//www. mee. gov. cn/xxgk2018/xxgk/xxgk02/202101/t20210105_816131. html，2020－12－31；中国生态环境部．关于公开征求〈碳排放权交易管理暂行条例（草案修改稿）〉意见的通知［EB/OL］. https：//www. mee. gov. cn/xxgk2018/xxgk/xxgk06/202103/t20210330_826642. html，2021－03－30.

首批覆盖了1 700多家交易企业[①]，预计每年可以减少大量温室气体排放。2021年7月，全国碳排放权交易市场正式开市。至此，中国碳排放权交易体系正式建立，经历了从试点到扩散的发展过程，逐步形成了全国碳排放权交易市场。碳排放成交金额和成交量在此期间也不断上升。

从图4－2可以看出，2015～2020年，我国碳交易市场成交金额整体呈现增长趋势，仅在2017年、2018年两年有小幅度减少。2020年，我国碳交易市场成交额达到12.67亿元，较上年增加3.18亿元，同比增长33.49%，创下碳交易市场成交额新高。2015～2020年，我国碳交易市场成交量整体呈现先增后减再增的波动趋势，2017年我国碳排放配额成交量最大，为4 900.31万吨二氧化碳当量；2020年我国碳交易市场完成碳排放配额成交量为4 340.09万吨二氧化碳当量，同比增长40.86%。总体来看，自全国碳交易市场正式启动以来，碳交易主要呈现成交量与交易额活跃度“保持平稳，稍有波动”的特点。

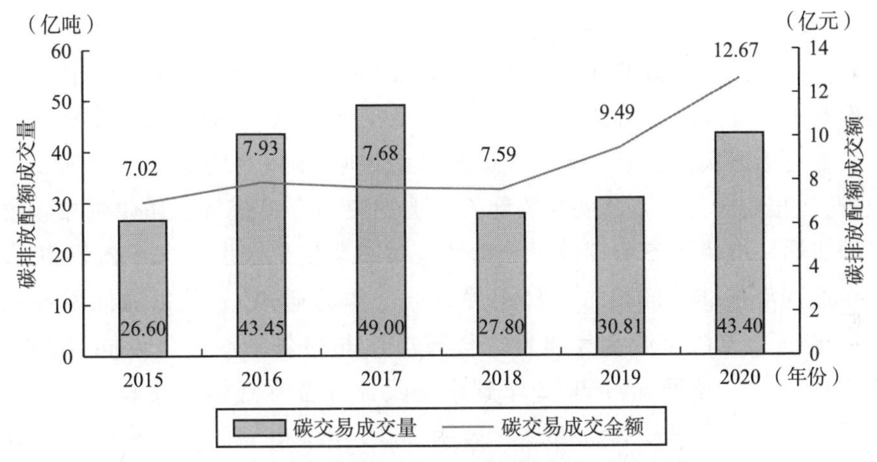

图4－2　2015～2020年碳市场成交量及成交金额

资料来源：笔者根据中国碳交易中心平台信息整理。

2020年9月，习近平主席在第七十五届联合国大会一般性辩论上表示，

① 发改委：我国已正式启动全国碳排放交易体系［EB/OL］. 人民网，http：//finance.people.com.cn/n1/2017/1219/c1004－29716952.html#：～：text，2017－12－19.

中国将加大国家自主贡献力度，采取更加有力的政策和措施，二氧化碳的碳排放力争于 2030 年前达到峰值，努力争取到 2060 年前实现“碳中和”。2021 年 3 月，中央财经委员会第九次会议提出要将碳达峰和碳中和纳入生态文明建设整体布局。同年 5 月，中央层面成立碳达峰和碳中和工作领导小组，并召开第一次全体会议。8 月，碳达峰碳中和工作领导小组办公室成立碳排放统计核算工作组。9 月，《中共中央　国务院关于完整准确全面贯彻新发展理念做好碳达峰碳中和工作的意见》发布。

2021 年 10 月，在 2020 年联合国生物多样性大会上，习近平主席指出：中国将构建起碳达峰、碳中和“1 + N”政策体系，同时，《国务院关于印发 2030 年前碳达峰行动方案的通知》发布。11 月，国务院常务会议纠正“一刀切”停产限产或“运动式”减碳方式。12 月，中央经济工作会议上提出加快建设全国碳交易市场，做好碳达峰、碳中和工作，国务院国有资产监督管理委员会印发《关于推进中央企业高质量发展做好碳达峰碳中和工作的指导意见》。

2022 年 1 月 25 日，习近平在中共中央政治局第三十六次集体学习时强调，必须深入分析推进碳达峰、碳中和工作面临的形势和任务，扎扎实实把党中央决策部署落到实处。2022 年 3 月 15 日，在第十三届全国人民代表大会第五次会议上，国务院总理李克强向全国人大会议作《政府工作报告》，报告中进一步落实相关部署，更加突出全盘统筹，强化对减碳政策的纠偏，维持生态治理政策连续性。生态环境部印发《关于做好 2022 年企业温室气体排放报告管理相关重点工作的通知》，并以通知附件的形式更新了《企业温室气体排放核算方法与报告指南发电设施（2022 年修订版）》，该通知对 2022 年碳市场具体的温室气体排放监测、报告与核查工作进行了安排和部署，表明 2022 年碳市场的第二个履约周期开启。

2. 当前中国碳排放权交易体系（ETS）所面临的挑战

当前我国碳市场建设已从试点走向了全国统一，并迎来了全国碳市场的第一个履约周期，碳市场交易方向进一步明确，整体设计也已初步明朗。但是，全国碳市场建设作为一项长期系统性工程，未来仍有四个方面的挑战亟待我们做出不懈努力。

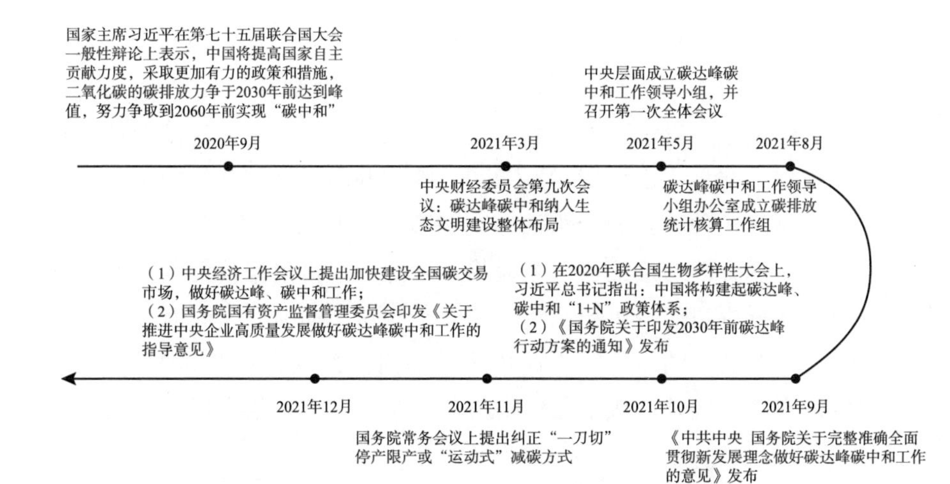

图4－3　碳达峰碳中和推进工作重要节点时间轴

资料来源：习近平在第七十五届联合国大会一般性辩论上的讲话［EB/OL］. 中华人民共和国商务部网站，http：//undg. mofcom. gov. cn/article/sqfb/202012/20201203020929. shtml，2020－12－08；习近平主持召开中央财经委员会第九次会议［EB/OL］. 中国政府网，http：//www. gov. cn/xinwen/2021－03/15/content_5593154. htm，2021－03－15；韩正主持碳达峰碳中和工作领导小组第一次全体会议并讲话［EB/OL］. 中国政府网，http：//www. gov. cn/guowuyuan/2021－05/27/content_5613268. htm，2021－05－27；碳达峰碳中和工作领导小组办公室成立碳排放统计核算工作组［EB/OL］. 中国政府网，https：//www. ndrc. gov. cn/fzggw/jgsj/hzs/sjdt/202108/t20210831_1295530. html?code=&state=123，2021－08－31；中共中央 国务院关于完整准确全面贯彻新发展理念做好碳达峰碳中和工作的意见［EB/OL］. 求是网，http：//www. qstheory. cn/yaowen/2021－10/24/c_1127990704. htm，2021－10－24；习近平在联合国生物多样性峰会上的讲话［EB/OL］. 央广网，http：//china. cnr. cn/yaowen/20200930/t20200930_525284660. shtml，2020－09－30；国务院关于印发2030年前碳达峰行动方案的通知［EB/OL］. 国务院，http：//www. gov. cn/zhengce/content/2021－10/26/content_5644984. htm，2021－10－24；“一刀切”停产或“运动式”减碳可休矣［EB/OL］. 中国政府网，http：//www. gov. cn/zhengce/2021－10/09/content_5641609. htm，2021－10－09；中央经济工作会议举行 习近平李克强作重要讲话［EB/OL］. 中国政府网，http：//www. gov. cn/xinwen/2021－12/10/content_5659796. htm，2021－12－10；关于印发《关于推进中央企业高质量发展做好碳达峰碳中和工作的指导意见》的通知［EB/OL］. 科创局，http：//www. sasac. gov. cn/n2588035/c22499825/content. html，2021－12－30；习近平在中共中央政治局第三十六次集体学习时强调 深入分析推进碳达峰碳中和工作面临的形势任务 扎扎实实把党中央决策部署落到实处［EB/OL］. 央广网，http：//news. cnr. cn/native/gd/20220125/t20220125_525725762. shtml，2022－01－25；政府工作报告［R］. 中国政府网，http：//www. gov. cn/gongbao/content/2022/content_5679681. htm，2022－03－12；关于做好2022年企业温室气体排放报告管理相关重点工作的通知［EB/OL］. 生态环境部办公厅，https：//www. mee. gov. cn/xxgk2018/xxgk/xxgk06/202203/t20220315_971468. html，2022－03－15.

（1）碳市场主体参与程度不高，有效碳价格难以形成。

当前，全国碳市场碳价整体偏低，根据上海环境能源交易所的统计数据，截至2021年12月7日，全国碳市场碳排放配额（CEA）收盘价仅为

42.13 元/吨[①]，仍远低于美国洲际交易所统计的当日欧盟碳排放权期货价格（EUA）84.91 欧元/吨[②]。此外，我国碳市场交易“潮汐”现象也始终存在，碳市场价格较不稳定且波动幅度较大，临近履约期时，各试点地区控排企业出现集中交易，市场暂时性活跃，碳价升高，而非履约期碳价却又大幅回落，显然这种异常的价格波动无法反映出碳配额的真实市场价值。我国以政府免费分配初始配额，企业临近履约周期再根据政策信号进行交易的碳市场运行逻辑使得市场调节作用处于相对被动地位，政府反而成为企业行动、市场变动的指南。由此可见，如何激活碳市场交易的活跃度，进而形成体现碳排放外部成本的价格机制，是我国未来碳市场建设的重心所在。

（2）碳市场投融资功能不足，碳市场金融机制尚未建立健全。

当前，我国不仅碳现货市场活跃程度欠缺，碳金融衍生品市场的建设也较为滞后，碳期货、碳保险、碳基金、碳抵押等新型的碳金融产品规模与创新程度显现不足，致使碳市场交易产品单一、盈利水平不高、投融资功能欠缺。相比之下，欧盟在碳市场建设初期就同步形成了包含期货、远期、期权、掉期交易在内的碳金融产品与服务，且其碳期货市场较为活跃，2017 年，欧洲能源交易所（EEX）和洲际交易所（ICE）交割的主力碳期货合约交易总量为 33.59 亿吨，期货交易就约占 90%。[③] 而在市场主体上，欧盟碳市场不仅包含控排企业，也包括商业银行、投资银行、碳基金和私募股权投资基金等众多的金融机构和投资者参与其中。由此可见，若要如期实现我国的双碳目标非仅靠碳市场一己之力所能及，更需要参与碳交易的金融机构提供风险控制工具以及多种类型的投资者提高市场活跃度、分摊风险，以发挥期货价格为碳现货定价提供依据的功能，从而建立健全提升碳市场流动性与活力的金融机制。

---

① 全国碳市场每日成交数据 20211207 [EB/OL]. https://www.cneeex.com/c/2021-12-07/491953.shtml, 2021-12-07.

② EUA Daily Future [EB/OL]. https://www.theice.com/products/18709519/EUA-Daily-Future/data? marketId=400431&span=3, 2021-12-07.

③ 方怡向，王璐. 欧盟碳交易市场经验教训与中国碳市场发展路径 [EB/OL]. http://www.tanjiaoyi.com/article-25209-1.html, 2018-11-30.

（3）我国仍处于从试点到全国的碳市场建设过渡期，相关制度衔接通道尚未疏通。

虽然自2013年起我国就已在七大试点省市率先开展了碳排放权交易制度，并积累了一定的碳市场建设经验，如今全国碳市场也顺利开锣，但不可否认的是现阶段我国仍处于从试点到全国的过渡性时期，相关制度的衔接工作也亟待陆续落实。

从全国碳市场的覆盖范围来看，我国目前仅局限在电力行业，石化、化工、钢铁等行业尚未纳入，未来该如何制定覆盖所有行业的碳配额核定与分配标准以及如何构建MRV体系仍不确定。从注册登记和交易问题来看，目前由上海环境能源交易所负责碳排放权交易系统账户的开立和运行维护、湖北碳排放权交易中心负责全国碳排放权的注册登记，但我国行业类别丰富且行业内地区差异明显，未来如何构建交易规则统一、交易主体多样、交易量增大的交易体系仍有待探索。再者，从CCER交易与CEA交易的问题来看，2017年因CCER存量过大，发改委暂停CCER管理申请，在经历了四年半的暂停后未来我国是否重启CCER审核备案制度，是否扩大CCER抵消比例仍具有诸多的不确定性因素。由此可见，从试点过渡到全国碳市场的制度衔接渠道尚未疏通，未来相关制度的衔接工作也是摆在我国进一步推进全国碳市场建设面前的一大挑战。

（4）碳市场控排约束力凸显不足，全国碳交易市场的监管保障制度亟待建立健全。

全国碳市场得以持续性地良好运行的前提基础是相关法律法规的有效约束，但目前我国碳市场监管的法律体系尚未建立健全，多方协同监管模式下的职能划分仍不明确。关于政策规章的法律层级，若其层级过低将导致其对企业的控排约束力有限，控排企业的主观能动性不高。目前，试点省市中仅有北京和深圳针对性地进行了人大立法，大部分地区仍以部门规章为保障，现有的法律框架没有体现出双碳目标的长期性、复杂性和艰巨性特征。

关于市场监管，目前碳市场的监管主要以地方性法规、部门规章、地方规范性文件为主，长期稳定有力的碳市场监管框架体系尚未构建，针对不同交易主体，交易方式和交易产品的监管职能分工尚不明确。此外，目前我国碳市场的最高管理机构是国家应对气候变化及节能减排工作领导小组，小组单位之中并没有金融监管单位，而碳交易的金融属性十足，将其纳入金融监管的范畴以预防相关金融风险事件的发生显然十分必要。

关于惩罚机制，虽然与国际碳市场相比，我国《全国碳排放权交易管理条例》中对于未履约企业的惩罚力度较大，但与此同时也给予了地方政府较大的自由裁定权，长期惩罚机制和手段仍未建立健全且拥有较大自主裁定权的区域性政策易滋生公平问题。

关于人才制度，我国目前碳市场相关理论与实践的高质量人才较为缺乏，碳排放核算、“碳中和”标准制定以及碳市场操作与风险识别的人才数量有限。综上，在我国未来碳市场建设的过程之中，各类规章政策的法律层级、监管机制的合理性、惩罚机制的有效性以及人才制度的培养性等应予以高度重视。

四、碳定价政策的全球推广面临的障碍及未来展望

（一）国际竞争力问题

如果只有一个国家实施碳定价措施，其他作为该国家竞争对手的国家并不实施该措施或者与该国制定的碳定价排放标准大相径庭，那么该国公司为了治理碳排放而增加的企业成本将会大大增加，成本增加带来的相对利润的减少甚至企业效率的降低将会导致企业的竞争力变弱。碳价格需要维持在一定水平才能刺激企业减排投资，对碳价格实行下限管理是目前许多国家增强企业竞争力的一种举措。

（二）碳泄漏

在碳定价措施下，部分企业会把自己承受不了的碳排放转移到其他没有碳排放限制的地区或者国家，给其他地区或者国家带来环境负担，如果不加以遏制的话，越来越多的企业将会以这种投机取巧的方式减轻自己的排放压力，但是对于全球来说，碳排放总量不但没有得到抑制，反而会更多，环境隐患更加严重。

（三）理论碳价、政策有效性等理论层存疑

目前国际上对“限量—交易”定价方案、碳交易价格影响、能源环境政策评价模型研究、能源经济模型与技术模型耦合问题进行了深入的探讨并得到了部分明确的结论。但是对于“限量—交易”定价的宏观政策变量、碳交易市场运行微观影响因素、国内碳定价机制的实证分析等还未出现丰富的有效性检验。所以在理论层面，碳价政策的有效性还尚且存疑。

碳定价被视为碳减排领域中成本有效性最高的政策工具，已纷纷成为多国在 21 世纪中叶达到净零排放目标所采取的重要举措。虽然当前碳定价政策的推行仍面临不少挑战，但相关数据得以证明其在碳减排领域确实发挥了显著成效。目前我国已在电力行业率先建设了全国性碳排放权市场，未来有望进一步将石化、化工、钢铁等更多的行业纳入其中。而关于碳税，我国尚未将其作为一个独立性税种进行开征，亟待进一步开展我国碳税试点，以推动完善碳价格形成机制，为我国按时按量达成双碳目标形成强有力支撑。

可持续发展的银行业：应对气候变化能够创造新的价值

本章将考察可持续银行（Sustainable Banking）的实践能否提高银行的企业价值。通过对以前研究的整理和统计分析，对通过缓和、适应气候变化风险等应对措施是否提高企业价值进行验证。本章将通过使用应对气候变化等措施为可持续社会做出贡献的银行业和银行业务定义为可持续银行，将从以往的研究和统计分析中得到的启示作为论据，提出银行为提高企业价值而应该开展可持续性银行业务的结论。

根据博格达诺娃（Bogdanova，2018）的统计，2000 年以后各国银行的股价净值比（Price to Book Ratio，PBR）呈现出不断下降的趋势。例如，自 2008 年雷曼兄弟破产以后，虽然美国银行业的 PBR 已经恢复到 1 以上，但是英国、法国、意大利、德国、西班牙等国的银行业 PBR 平均不到 1，由此可以看出，银行业的价值创造问题已经成为全球许多国家面临的共同问题。对全世界的银行来说，如何创造企业价值都是一个重要的课题。

自 2013 年开始，中国银行业所面临的经营环境日益严峻，面临净息差下滑、平均股本回报率下降、税后利润增速放缓、不良率攀升等问题，四大行[①]的经济增加值（EVA）、风险调整后资本收益率（RAROC）等风险资本指标都有不同程度的下降，银行价值创造受到多方位的挑战，银行已经意识到发展转型的重要性。从表 5 - 1 的数据可以看出，2012 ~ 2021 年中国银行

① 中国四大银行，是指由国家（财政部、中央汇金公司）直接管控的四个大型国有银行，具体包括中国工商银行、中国农业银行、中国银行、中国建设银行（工、农、中、建）。

业的 PBR 呈现了一个趋势减小的过程，中位数和平均数在围绕 1 左右的水平位置波动且下降，2021 年度的 PBR 中位数和平均数都不到 0.8，说明我国国内银行业价值创造面临着一定的问题。

表 5－1　　2012～2021 年中国上市银行业股价净值比（PBR）

项目	2012 年	2013 年	2014 年	2015 年	2016 年	2017 年	2018 年	2019 年	2020 年	2021 年
最小值	1.00	0.70	1.11	0.95	0.77	0.77	0.59	0.59	0.45	0.35
最大值	1.55	1.15	1.59	1.58	2.45	2.60	1.38	1.92	2.20	2.15
中位数	1.16	0.95	1.33	1.15	1.09	1.02	0.85	0.92	0.82	0.69
平均值	1.20	0.95	1.34	1.16	1.30	1.20	0.87	1.01	0.91	0.75
样本数	16	16	16	16	24	25	28	36	37	41

注：本表样本包括万得（Wind）数据库中“Wind 银行”类别的上市银行。具体上市银行名单见本章附表 1。

可持续银行的目标是改变银行系统，使其服务于经济、社会和环境的可持续性发展。当前，全球多家银行积极参与各大可持续组织机构，致力于全球范围内的可持续发展，逐步向可持续银行的方向迈进。全球价值银行联盟（The Global Alliance for Banking on Values）成立于 2009 年 1 月，截至 2021 年 5 月，有来自 36 个国家的 64 家金融机构成为会员，资产总额达 2 100 亿美元。[①] 世界银行集团的国际金融公司（International Finance Corporation）于 2012 年 9 月以发展中国家的中央银行和金融机构的行业团体为中心，设立了可持续银行网络（Sustainable Banking Network，SBN）。SBN 成立之初，有 43 个国家参与，这些国家的银行部门拥有的资产达 43 万亿美元，占发展中国家总资产的 86%。SBN 利用可持续性融资，致力于解决发展中国家的贫困、气候变化等问题。

联合国环境规划署金融倡议组织（United Nations Environment Programme Finance Initiative，UNEP-FI）于 2019 年 9 月 22 日发布责任银行原则（以下简称“PRB”），此原则由中国工商银行、花旗银行、巴克莱银行、法国巴

① 全球价值银行联盟（Global Alliance for Banking on values），https：//www.gabv.org/，2021－05.

黎银行等来自全球 21 个国家共 30 家银行组织的核心工作小组共同制定。UNEP-FI 成立之初，来自 48 个国家的 132 家金融机构签署了该责任银行原则协议，资产总额约占全球银行部门所有资产的 1/3，达 47 万亿美元。截至 2021 年 4 月，已有 69 个国家的 230 家金融机构签署了该协议，资产总额为 60 万亿美元。[①] 中国工商银行、兴业银行、华夏银行三家中资银行成为首批签署银行，除此之外，还有中国银行、江苏银行、南京银行、恒丰银行、华夏银行等 12 家中国商业银行参与签署了 PRB。针对气候变化，UNEP-FI 于 2021 年 4 月 21 日成立了净零银行联盟（Net-Zero Banking Alliance），自成立之日起，已有 23 个国家的 43 家银行签署了协议，资产总额为 28 万亿美元。其目标是到 2050 年，金融机构拥有的融资和投资组合的二氧化碳排放量与吸收量（或去除量）之间的差值为零，但是目前没有中国的银行参与签署协议。

综上所述，银行业及其业务在应对气候变化等可持续发展方面做出的贡献在全球范围内引起了高度关注。因此，本章聚焦于可持续性企业活动如何应对气候变化风险，并探讨这些措施是否能提高银行的企业价值，以及具体怎样的措施能提高银行的企业价值。

一、应对气候变化能够提升银行业的企业价值

本部分将讨论如何通过应对气候变化风险提高银行的企业价值。作为讨论的前提，我们首先定义了本研究相关的气候变化风险和公司价值。

（一）气候变化风险

日本文部科学省等（2013）将气候定义为“在足够长的时间内平均得出的大气状态”，这段足够长的时间通常被定义为 10～30 年，影响因素包括气温、降水量、光照和风力等，例如平均气温的增减、降雨严重不均、海平面上升等都属于气候变化。《联合国气候变化框架公约》将“气候变化”

① 联合国环境规划署金融倡议组织（UNEP-FI），https：//www. unepfi. org/news/industries/banking/worlds – bankingsector – sets – 22 – september – as – launch – date – for – highly – anticipated – principles – for – responsible – banking/，2021 – 04 – 30.

定义为“经过相当一段时间的观察，在自然气候变化之外由人类活动直接或间接地改变全球大气组成所导致的气候改变”，将气候变化的影响限制在人为因素的范畴内。因此可以将气候变化风险定义为平均大气状态气候变化带来的、根据企业价值和效用水平等测量的对人类影响的不确定性，其可以通过企业价值和效用水平等来衡量。

人类应对气候变化风险的举措是否能为企业带来价值创造？本部分将从考察企业的价值变化入手研究气候变化风险带来的影响。一般假设二氧化碳排放量变化可以反映气候变化产生的影响，但本研究不对该假设进行验证，而是验证机构投资者和个人投资者是如何评价企业和国家所排放的二氧化碳的。假设机构投资者和个人投资者的评价反映在债券、股票的价格、市场风险溢价等市场价格中，可通过观察债券和股票的价格与二氧化碳排放量等气候变化相关指标的相关关系进行该验证。

从另一个角度考虑，我们对二氧化碳排放量的减少会如何影响气候变化是未知的，这一点本身就可能是风险，那么二氧化碳的排放量也可能成为企业需要控制的风险因素。因此，减少二氧化碳排放量也是应对气候变化风险的对策之一，并有必要分析其对企业价值的影响。

（二）企业价值

为了验证气候变化风险如何影响企业价值，本研究通过以下公式定义企业价值：

$$V = \frac{E(CF_1)}{1 + WACC} + \frac{E(CF_2)}{(1 + WACC)^2} + \cdots + \frac{E(CF_n)}{(1 + WACC)^n}$$

$$WACC = \frac{D}{D + E}(1 - \tau) r_d + \frac{E}{D + E} r_e$$

$$r_e = r_f + \beta(r_m - r_f)$$

其中，V表示企业价值，CF_t表示t期归属于企业总资本的现金流量，（$t=1$，2，…，n）$E(\ )$表示实际概率下的期望值，n表示企业的期待存续时间，$WACC$是加权平均资本成本，D是负债资本价格，E是股东资本价格，τ是实际税率，r_d是负债资本成本，r_e是股东权益成本，r_f是安全利息率，β是股票回报对市场投资组合的敏感度（市场风险），r_m是市场投资组合的预期收益率，$r_m - r_f$ 是市场风险溢价。

因此，根据上述企业价值的定价公式可以看出，气候变化风险及其应对措施可以通过以下三个渠道影响企业价值：（1）预期现金流量的增减；（2）资本成本的增减；（3）企业期待存续期间的增减。

（三）气候变化对企业价值的影响

本部分通过预期现金流量的增减、资本成本的增减、企业期待存续期间的增减3个因素进行验证。

1. 气候变化风险与现金流量

克里斯坦森（Christersson，2015）认为房地产部门的能源节约能够对缓解气候变化产生重要作用，反过来能源效率的改善也有助于房地产价值的提高，通过贴现现金流的方法，可以发现削减每年的能源费用可以使得房地产价值平均提高2.5%。格雷戈里（Gregory，2014）从一个稳健的模型中得到的证据表明，积极的企业社会责任会获得更高的估值，他利用环境、社会与治理（ESG）有关的数据进行分析，发现一般来说企业社会责任得分高的企业一年后的股东资本收益率较高，而得分低的企业一年后的股东资本收益率较低。万雷（Vanlay，2010）根据37种贴上碳排放标签的产品销售情况发现，黑色标签的销量降低了6%，绿色标签的销量增加了4%，说明家庭消费倾向于能够应对气候变化的产品。黄和何（Huang and He，2018）的研究结果表明，面临较高气候风险的企业短期债务较少，长期债务较多，持有更多现金，并分配较低的现金股利。同时还发现，持有更多现金来创造宽松的财务环境是企业应对气候风险弹性的一种方法。

2. 气候变化风险和资本成本

将气候变化风险或应对措施对资本成本的影响分为负债资本成本、股东资本成本以及对市场风险溢价的影响来进行考察。

（1）负债资本成本。

陈（Chen，2012）探讨了气候风险是否由资本市场定价，利用美国上市电力公司的二氧化碳排放量衡量气候风险，发现气候风险和资本成本指标正相关，且负债资本成本随着资本密集度的提高而下降。

奥伊科诺穆（Oikounomou，2014）探讨了企业社会绩效不同维度对债券定价的影响，利用KLD数据量化企业社会绩效指标，对环境担忧和环境优势进行了指标化分析，报告称这两个指标与公司债券的利差之间的相关性均不被认可。巴切莱特（Bachelet，2019）认为绿色债券的平均负溢价较高，主要反映了未经过第三方认证的私人发行绿色债券的“漂绿”风险敞口。绿色投资可能需要折价融资，要么是因为投资者愿意为环境可持续性买单，要么是因为绿色投资对利益相关者风险的暴露程度较低。张丽宏等（2021）以中国绿色债券市场的数据为样本，同样也验证了二级市场上绿色债券有显著为负的绿色溢价，平均约为17个负基点，未经过第三方认证的绿色债券的溢价更小，说明绿色债券有助于降低企业融资成本。杨希雅等（2020）以银行间及上海证券交易所和深圳证券交易所（“沪深两市”）交易所发行的170只绿色债券为研究对象，通过构建绿色债券信用利差影响因素模型发现公开发行的绿色债券比非公开发行的绿色债券具有更明显的融资优势，第三方认证不会对融资成本产生显著影响，发债主体的财务状况也不是影响绿色债券融资成本的显著因素。唐（Tang，2020）利用位于28个国家的企业发行的绿色债券数据进行分析，否定了绿色溢价的存在，认为绿色债券公告的正回报不是由较低的债务成本驱动的。蒋非凡（2020）以2016～2019年中国境内发行的绿色债券为样本，研究发现企业发行绿色债券并不能降低债务融资成本，尤其反映在投资者对未经第三方认证的绿色债券要求更高的收益率，因此认为债券价格反映了“漂绿”风险。

根据以上分析，从绿色债券发行实体的角度考虑，发行绿色债券可能降低负债资本成本，提高企业价值。近年来，有很多学者否认绿色溢价的存在，认为通过获得绿色标签和发行绿色债券，以及让投资者相信发行主体要进行真正对环境有积极影响的投资，是有可能降低负债资本成本的。

不论是绿色债券的融资者还是投资者，都应该更加关注这些项目对环境产生的实际影响。投资者可以在没有绿色标签的绿色债券中选择真正意义上的绿色投资，从而实现环境改善和回报的双赢，有必要在可持续发展等相关认证机构积累鉴别真假绿色债券的经验。

（2）股东资本成本。

陈和高（Chen and Gao，2012）利用美国企业和其二氧化碳排放量的数据，得出二氧化碳排放量比例（tons/MWh）越高，股东资本成本（COE）

就越高的结论。鲍尔斯（Balvers，2017）将温度冲击作为APT模型的影响因子，发现风险溢价显著为负，且由于温度变化的不确定性，股东资本成本的加权平均增幅为0.22%。吉姆（Kim，2015）对韩国2007～2011年379家企业样本的实证分析表明，碳排放与股东资本成本呈正相关关系。此外，碳排放对股东资本成本的影响在自愿披露可持续发展报告的公司和不披露可持续发展报告的公司之间没有区别，并且对于温室气体排放量较大的工业部门，碳排放对股东资本成本的影响较小。阿尔巴拉克（Albarrak，2019）利用纳斯达克上市公司数据，调查了公司在社交媒体推特（Twitter）上自愿传播碳相关信息对股东资本成本的影响，发现以这种方式传播碳相关信息的企业往往具有较低的COE，原因可能在于提高碳信息透明度有助于减少市场参与者之间的信息不对称，降低投资者评估企业的潜在风险。李和刘（Li and Liu，2017）以2009～2014年中国沪深两市重污染行业A股上市公司作为研究对象，发现金融企业碳信息披露和非金融企业碳信息披露都与股东资本成本呈显著负相关关系。

从以上分析来看，现有文献主要通过碳排放量、温度冲击来衡量气候风险，由此来判断对企业股东资本成本的影响。可以得到比较一致的结论是，碳排放信息的披露程度与股东资本成本有显著的负相关关系，虽然还需要进一步的详细分析，但是公开二氧化碳排放量等信息并提出相应的减排措施，通过实现降低排放量来降低股东资本成本，是有可能提高企业价值的。

（3）市场风险溢价。

谢平等（2010）对气候变化风险溢价进行研究，发现气候变化风险越大，社会支付意愿越大，随之风险溢价越大；同时，当碳社会成本逐步提高时，风险溢价趋于变小，难以有效吸引气候变化投资。克林等（Kling et al.，2018）通过实证表明气候变化脆弱性越高，市场风险溢价就越高。内莫托和刘（Nemoto and Liu，2020）在报告中指出，国家的ESG整体表现与该国信用违约互换（CDS）利差呈显著负相关，即整体ESG得分越高的国家，以该国发行的国债为标的资产的信用违约掉期的利差越低。

在以往的研究中，关于二氧化碳排放与市场风险溢价的研究较少，本部分利用伊托（Ito，2020）提供的方法，将二氧化碳排放量作为重点，分析二氧化碳排放量与市场风险溢价（Market Risk Premium，MRP）的关系。

为了观察 MRP 与二氧化碳排放量的相关性，可以利用以下公式进行回归分析：

$$MRP_j = a_j + \beta_{1,j}CO_2 + \beta_{2,j}GDP + \beta_{3,j}DI + \beta_{4,j}Debt + \beta_{5,j}I + \beta_{6,j}D_{G7} + \beta_{7,j}D_{OECD} + \beta_{8,j}CO_2 \times GDP + \beta_{9,j}CO_2 \times DI + e_j$$

其中，被解释变量 MRP_j 表示市场风险溢价，下标 j 表示 MRP（F）、MRP（CR）或 MRP（CS），分别代表基于弗尔南德斯（Fernandez）教授的问卷调查的 MRP、基于国债的信用等级和基于信用违约互换的利差的 MRP（Damodaran，2020）。

解释变量中 CO_2 表示与人均能源相关的二氧化碳排放量，利用与各国能源部门相关的二氧化碳排放量 ÷ 人口求得。

控制变量里 GDP 为人均国内生产总值，从世界银行获取；DI（Democracy Index）为每年发布的民主制指标，是从选举过程和多元性、政府功能、政治参与、政治文化、人权维护 5 个角度评为 0 ~ 10 分的指标；Debt 采用政府负债 ÷ 国内生产总值求得，可从国际货币基金组织获得数据；I 代表通货膨胀率，从世界银行获取；D_{G7} 为虚拟变量，属于七国集团 G7 国家为 1，否则为 0；D_{OECD} 为虚拟变量，属于经济合作与发展组织（OECD）国家为 1，否则为 0。

同时，为了验证 CO_2 对 MRP_j 的影响是否随着国家的发展程度和民主制度的质量而改变，引入了 CO_2、GDP 和 DI 的交叉项。

本章研究样本量为具备有效数据的所有国家，研究区间独立变量为 2015 ~ 2019 年，因为 MRP 发布时间会推迟，所以 MRP 研究区间为 2016 ~ 2020 年。测定或推算出独立变量后，第二年发表的 MRP 将被对应起来进行分析。回归分析结果如表 5 - 2 所示。

表 5 - 2　二氧化碳排放量（CO_2）与市场风险溢价（MRP_j）的回归分析结果

变量	MRP（F）	MRP（CR）	MRP（CS）
CO_2	-0.0031***	-0.0023***	-0.0016*
$CO_2 \times GDP$	0.0003**	0.0005***	0.0004**
$CO_2 \times DI$	0.0003**	0.0001	0.0001
控制变量			
GDP	-0.0056***	-0.0082***	-0.0058***

续表

变量	MRP（F）	MRP（CR）	MRP（CS）
I	-0.0009***	0.0017***	0.0012***
DI	-0.0107***	-0.0063***	-0.0051***
Debt	0.0002***	0.0003***	0.0002***
D_{G7}	-0.0118	-0.0106	-0.0053
D_{OECD}	0.0010	-0.0108**	-0.0046
N	190	350	223

注：***、**、*分别表示1%、5%、10%的显著性水平。

从回归结果可以看出，对于使用不同的MRP得出的结果存在差异。二氧化碳排放量高的国家的MRP往往较低，即减少国家的二氧化碳排放量，并不能降低MRP和提高该国企业的价值。

二氧化碳排放量和人均国内生产总值的交叉项系数在三种MRP的检验里都显著为正，表明在人均国内生产总值较高的国家，减少二氧化碳排放量有可能提高企业价值。利用二氧化碳排放量的平方代替人均国内生产总值和二氧化碳排放量的交叉项进行分析，回归得出主要结果摘录如表5-3所示，可以看出利用MRP（CR）作为因变量的回归分析得到了统计学上1%的显著性结果。利用MRP（F）的分析结果在10%显著性水平上显著。

表5-3　二氧化碳排放量（CO_2）与市场风险溢价（MRP_j）的回归分析验证结果

变量	MRP（F）	MRP（CR）	MRP（CS）
CO_2	-0.0054***	-0.0023***	-0.0034**
CO_2^2	0.0001*	0.0005***	0.00004
$CO_2 \times DI$	0.0005***	0.0001	0.0002

注：***、**、*分别表示1%、5%、10%的显著性水平。

二氧化碳的排放量与民主制度指数的交叉项只有在因变量为MRP（F）时在5%的显著性水平下显著且为正，表明在民主质量高、治理能力强的国家，可能可以通过减少二氧化碳排放量来降低MRP，提高企业价值，而反过来在二氧化碳排放量高的国家，即使民主制度的质量高，MRP 也不会有很明显的降低。

综上所述，通过考虑不同国家的经济情况和民主制度等，可以发现二氧化碳排放量与 MRP 之间的关系，对应对气候变化、提升企业价值研究奠定了实证基础。

3. 气候变化风险与存续期限

卡帕索等（Capasso et al.，2020）研究气候变化与企业信用风险之间的关系，利用 Merton 模型分析了 2007 年 12 月到 2017 年 12 月全球范围内发行固定利率投资级债券的 458 家企业的股价数据，发现碳排放高的企业更可能违约。且在 2015 年《巴黎协定》之后，这种关系更加明显，即企业的信誉已经受到气候风险的影响。金融监管机构和政策制定者应该仔细考虑气候变化风险对贷款中介机构和公司债券市场稳定性的影响。卡比尔等（Kabir et al.，2021）利用 2004～2018 年 42 个经济体的国际数据集同样证明了企业的碳排放水平和强度显著正向影响其违约风险，这种影响在碳密集型行业和环保意识较强的经济体中更为明显。

奥伊科诺穆等（Oikonomou et al.，2014）采用了 KLD 评级机构的评级，考虑不同因素对公司债券的影响，其中发现企业的环境违法行为会导致较高的公司债券收益率，而环境优势越强的企业信用等级越高，即良好的企业社会绩效会导致较低的债券收益率和较高的信用评级。霍克等（Höck et al.，2020）分析了环境可持续性是否会对欧洲非金融企业的信用风险产生影响，研究表明可持续发展程度越高的企业信用风险越低，同时发现只有信誉高的公司才会从高的环境可持续性评分中受益，而本身信誉就低的公司则不会因为可持续性差而受到惩罚。

可以看出，关于气候风险对企业信用风险影响的研究结论较为一致，即企业的信用风险会受到气候因素的影响，环境更为友好的企业的信用风险更低。同时，气候风险对企业信用风险的影响还有可能与企业规模等有关，但大体上气候变化风险低的企业，由于信用风险低、存续时间长，企业价值会较高。

所以在银行的经营中，需要考虑气候变化风险，以此来评估企业的信用风险，以及利率和贷款期限等贷款条件，这样可以更加精确地评估相应贷款，降低坏账风险，从而改善银行的利益。或者，银行可以通过设定适当的融资条件来减少预想之外的损失。

4. 气候变化风险与企业价值的近期文献

从之前的综述分析可以看出气候变化风险可以通过现金流量、资本成本、企业信用风险等因素改变企业价值。除了这几项因素外，还有其他的一些研究证明了气候变化风险与企业价值的关联。

唐和张（Tang and Zhang，2020）对2007～2017年28个国家的公司发行绿色债券的公告收益和实际效果进行了实证研究，发现绿色债券的发行可以带来股票收益的正回报，即可以带来股东价值的提高，但是同时研究也表明股票的正回报并不是负债成本的降低带来的，而是由于企业得到了关注而流动性增强，不过总体来说股东能从绿色债券的发行中取得净收益。雅库比克和乌古斯（Jakubik and Uguz，2021）使用了欧洲保险公司的数据，发现只有发行绿色债券或者推出绿色债券的基金可以提高股票回报，而只是对绿色债券投资不会提高股票回报。目前越来越多的企业希望通过投资绿色债券来提高企业价值，而投资绿色债券却并不一定能产生企业想要的效果。

佛南多等（Fernando et al.，2017）发现不管是环境友好企业还是环境风险企业的托宾Q值均低于普通企业，这表明采取包括应对气候变化在内的适当措施将提高企业价值，但环境对策却无法提高企业价值。格雷戈里等（Gregory et al.，2014）分析了环境友好型企业、环境风险企业与普通企业的股价，发现环境友好企业与普通企业的股价并没有显著差异，而环境风险企业股价比普通企业股价在统计上低了10%。哈茨马克和苏斯曼（Hartzmark and Sussman，2019）对美国投资信托进行了分析，发现可持续发展得分高的基金虽然资金流入多，但回报并不高。

根据以往学者的研究可以发现，通过降低气候变化风险等适当应对气候变化风险，可以提高企业价值，但是并不是单纯地投资绿色债券就能得到价值的提高。

二、价值创造的可持续发展银行业务

前面以学者们的文献研究成果为基础，考察银行为了提高企业价值应该如何应对气候变化风险。本部分将可持续银行定义为通过实施应对气候变化风险等措施为实现可持续社会做出贡献的银行业或银行业务，并介绍银行为了提高企业价值而能够开展的可持续性银行业务。

（一）项目金融业务（project finance）

银行应该提倡积极利用有明确资金用途的项目融资。银行提高企业价值可以通过投资绿色债券来实现，与普通债权对比，绿色债券有更强的针对性，银行可以由此提倡将资金明确用于绿色项目的融资。有研究报告显示，没有绿色标签的绿色债券的绿色溢价可能为0或负（Bachelet，2019），发行了有绿色标签的绿色债券的公司之后的二氧化碳排放量显著减少（Flammer，2021），所以通过投资绿色债券，可以缓解气候变化的风险。

绿色发展需要大量资金的支持，在发行绿色债券时，特殊目的公司（special purpose company）筹集资金对风力发电和太阳能发电等清洁能源项目进行投资，资金不仅用途路线清晰，同时易于监视。金融机构在向一个项目投资时，要对该项目可能对环境和社会的影响进行综合评估，并且通过金融杠杆促进该项目在生态价值及市场价值方面发挥积极作用，如果不遵守环境相关规定，绿色债券就会违约，这样应对气候变化的实效性就会下降。

陈淡泞（2018）发现绿色债券发行事件会对上市公司股价产生显著影响，发行绿色债券可以促进上市公司内在效益的提升。王倩等（2021）基于2016~2021年发行绿色债券的上市公司混合横截面数据分析，结果发现绿色债券的发行与公司价值存在正相关关系，绿色融资债券比重越大越有利于提高公司价值。

可以看出，加强绿色债券建设，扩大绿色债券发行规模对企业价值的提升意义重大，因此提倡发展绿色项目融资。目前，随着双碳目标的实行，中国境内外金融机构持有绿色债券的需求整体扩容，2021年4月，中国人民银行、发展和改革委员会、证监会发布《绿色债券支持项目目录（2021年版）》，将绿色债券分类标准实现统一。也就是说，不仅在供给需求端，在统一标准方面均有利于绿色债券的发展。因此，2021年中国绿色债券市场发展速度进一步加快。据气候债券倡议组织（Climate Bonds Initiative，CBI）与中央国债登记结算有限责任公司中债研发中心联合发布的

2021 年中国绿色债券市场报告显示，截至 2021 年底，中国在境内外市场累计发行贴标绿色债券 3 270 亿美元（约 2.1 万亿元人民币），其中近 2 000 亿美元（约 1.3 万亿元人民币）符合 CBI 绿色定义。2021 年，中国在境内外市场发行贴标绿色债券 1 095 亿美元（7 063 亿元人民币）；其中符合 CBI 绿色定义的发行量为 682 亿美元（4 401 亿元人民币），同比增长 186%。按符合 CBI 定义的绿色债券累计发行量及年度发行量计算，中国均是全球第二大绿色债券市场。中国绿色债券市场前景长期向好。

（二）公司金融业务（corporate finance）

银行业的公司业务包括对企业的融资、对公司债券的承兑、对公司债券的投资、对股票的投资以及银行自身的资金筹措。前文分析到，应对气候变化风险将降低信用风险，降低公司债券的利差，这种影响特别是对大企业尤为显著，所以在对大企业的融资、公司债券的认购或投资上，应该积极地采用关注气候风险的评价体系。在对中小企业发放贷款方面，还需要继续进行研究，为此，可以推进试验性的绿色融资等措施，收集数据、分析信用风险，将其与未来开发的新金融产品结合起来。

另外应该积极推进将气候变化风险指标化、推进利率等条件随该指标变动的金融商品的开发。可持续发展挂钩债券是指将债券条款与发行人可持续发展目标挂钩的债务融资工具，债券发行方或融资方也将因此获得积极推动应对气候变化的动力。2019 年 10 月 10 日，意大利国家电力公司（ENEL）面向机构投资者发行了一组多档与可持续发展挂钩债券（Sustainability – Linked Bond Principles，SLB），总计 25 亿欧元，而该债券的未来利率将取决于公司的可再生能源发电容量比例。在国内，据中国经济网报告，2021 年 5 月，中国华能、大唐国际、长江电力、国电电力、陕煤集团、柳钢集团、红狮集团首批 7 单可持续发展挂钩债券成功发行，首批发行的 7 单项目均为 2 年及以上中长期债券，发行金额 73 亿元[①]，中国首批 SLB 的发行也展现出了目前企业有计划、有目标地实现可持续发展，助力“碳达峰”“碳中和”目标实现的趋势。

① 赵洋．国内首批可持续发展挂钩债券发行［EB/OL］．中国债券信息网，https：//www.chinabond.com.cn/cb/cn/xwgg/zsxw/zqsc/zqsc/20210511/157216076.shtml，2021 – 05 – 11.

“十四五”时期，中国生态文明建设将进入以降碳为战略发展方向，促进经济社会发展全面绿色转型的关键时期，这也督促金融机构加快转型。国内银行在公司业务可持续性方面也做出了较大的努力。2021 年 10 月 27 日，据中国银行官网信息显示，中国银行成功完成 3 亿美元全球首笔可持续发展再挂钩债券的定价和发行。[①] 此次发行旨在促进 ESG 金融领域资金融通，激励经济实体关注和不断提升碳减排等 ESG 表现，是中国银行推动实体经济可持续发展的重要创新实践。据新浪财经报道，建设银行已于 2022 年 5 月成功发行 2022 年第一期 100 亿元期限为 3 年的可持续挂钩绿色金融债券，这也是境内首单可持续发展挂钩金融债券。绿色金融债券的发行丰富了绿色金融债券产品形态，为绿色债券市场注入新的活力，也为金融创新服务绿色经济发展树立了典范[②]。

由前文对二氧化碳与市场风险溢价关系的分析结果可知，在人均国内生产总值较高的国家中，人均二氧化碳排放量的减少可能有助于市场风险溢价的减少来提高企业价值；也有研究报告（Flammer，2021）指出，发行绿色债券可以减少该公司未来的二氧化碳排放量。所以银行通过对绿色债券的投资和绿色融资，也可以降低整个国家的气候风险，提高企业价值。

另外，银行可以为企业提供如何应对气候风险的咨询服务，这样不仅能提高银行收益，还能降低企业的气候变化风险，从而获得对该企业的贷款评估额、公司债券价格或改善企业价值。虽然也有研究通过实证表示，信用风险低的发行实体即使通过应对气候变化等方式改善环境评分，也不会对其发行条件产生显著影响（Höck，2020），但实证只是一种平均趋势，本书认为即使是信用风险较低的发行体，也有可能通过应对气候变化来改善信用风险，因此有继续深入研究的意义。

（三）个人零售金融业务（personal finance）

对个人业务而言，银行可以提倡考虑到气候变化风险的存款账户和绿色

---

① 中国银行成功发行全球首笔可持续发展再挂钩债券［EB/OL］. 中国银行网站，https：//www. boc. cn/aboutboc/bi1/202110/t20211029_20226376. html，2021 - 10 - 29.

② 陆宇航. 建行发行 100 亿元可持续挂钩绿色金融债券［N］. 金融时报，https：//www. chinabond. com. cn/cb/cn/xwgg/zsxw/zqsc/jrz/20220530/160366402. shtml，2022 - 05 - 30.

个人贷款等业务。

卢森堡保险公司在2021年4月26日公布了一种100%可持续发展的人寿保险，这种保险承诺将保险费投资于按照ESG标准选择的债券或股票组合。通过对投保者进行问卷调查明确其风险厌恶程度，然后从5种投资战略（100%债券、75%债券与25%股票、50%债券与50%股票、25%债券与75%股票、100%股票）中向顾客推荐最适合的保险，这样顾客在选择人寿保险时，不仅要考虑风险回报，还要考虑对社会的影响。有鉴于此，银行业可以进一步发展类似的个人金融业务，即可持续存款业务。可持续存款是指存款者可以在一定程度上选择自己存款账户里资金的用途的存款，比如可以选择银行的贷款对象、债券或股票的投资对象。在可持续存款里，可以利用该存款进行融资、债券投资或股票投资应对气候变化，或者将款项投资于以绿色债券等为中心的投资组合等，这些款项用于解决各种社会问题。也就是说，可持续存款不仅能带来金融回报，还是通过解决社会问题提高顾客效用的存款商品。

银行也可以以此宣传自身的投资是否解决了社会问题，投资对象是否合理管理好了募集的资金，是否真正用于解决社会问题的项目，这样也可以充分展示可持续存款对社会带来的贡献，具有时效性与透明性。

通过向个人提供可持续存款业务，可以提高客户的效用。同时，银行还可以积极推进绿色个人贷款。据《中国银行保险报》报告称，2021年8月，浙江省衢江农商银行在衢州市绿色金融服务信用信息平台上线个人碳账户管理系统，办理了一笔“个人碳账户”绿色贷款业务，金额为30万元，这也是全国首个基于银行个人碳账户、面向个人发放的绿色信贷产品，依据“点碳成金贷”绿色客户划分标准（“点碳成金贷”是根据个人碳账户积分，将客户分成“深绿”“中绿”和“浅绿”三个等级，并在授信额度、贷款利率、办理流程等方面提供差异化的优惠政策），无须提供任何资产证明，即可享受授信额度上提50%、贷款利率下调30BP的优惠。[①] 可以看出，银行在绿色个人贷款方面也在做出努力，虽然仍处于起步阶段，但随着业务不

---

① 个人碳账户信贷落地衢州［EB/OL］. 中国银行保险报网，http：//xw.cbimc.cn/2021－08/27/content_407692.htm，2021－08－27.

断深入，将会越来越成熟。

同时，针对节能环保住宅，银行还可以向此类住房购买者提供换就优惠利率。正如 Christersson（2015）所示，能源效率高的房产具有较高的资产价值，住在这样的房子里也可以减少现金流出，银行对节能住宅贷款的信用风险也较低。

三、主要结论

本章研究综合整理了以往的研究成果，探究了应对气候风险变化以提升企业价值问题，并对为改善企业价值而努力的可持续性银行进行了讨论。具体而言，由于目前全球银行的 PBR 呈不断减少的趋势。许多国家的银行甚至出现了小于 1，即股价跌破每股净资产（简称“破净”）的极端情况。所以对上市公司来说，提高企业价值很重要，气候变化则可以从多个方面影响银行业的企业价值。首先从现金流来看，气候风险越高的企业，倾向于持有更多的现金流，并分配较低的现金股利，将持有的现金流作为一种风险管理方法。同时其通过各种措施应对气候风险改善现金流。从资本成本来看，可以通过绿色债券与碳披露来降低负债资本成本与股东资本成本，但并不是绿色债券或碳披露一定能提高企业价值，而是投资于真正致力于减少二氧化碳排放量的企业，这样的企业在发行绿色债券后，实际上实现了二氧化碳排放量的减少和企业价值的提高；而企业根据碳披露做出相应减排措施进而降低排放量，这样才可能降低股东资本成本而提高企业价值。企业信用风险也会受到气候因素的影响，气候风险低的企业信用风险倾向于更低。

对银行来说，成为能够提高企业价值的可持续银行可围绕项目金融业务、公司金融业务、个人零售业务等方面开展业务，银行可通过投资绿色债券、采用关注气候风险的评价体系、提供气候风险咨询服务、提高个人可持续贷款等多种方式应对气候风险的影响，提供类似服务，银行业的企业价值是完全有可能提高的。

本章研究的局限性在于以过往研究为基础，提出了改善企业价值的对策，但只是从过去的平均趋势中得到的启示。如果未来发生了变化，过去的研究结果可能不适用。且目前讨论的主要是以二氧化碳排放所导致的气候变化为前提，以后可能会有新的科学知识进行研究分析，在那种情况下可能除了减少二氧化碳排放之外还需要采取其他措施。

提高企业价值，有助于实现可持续发展，虽然我们不能从过去的研究成果中提出革新性的倡议，但我们也可以展望在中国能够发生针对环境问题和气候变化风险的革新。

本章附录

“Wind 银行”类别的 42 家中国上市银行

序号	中文全称	英文全称	机构类型	上市日期	被纳入样本年份
1	中国银行股份有限公司	Bank of China Limited	国有大型商业银行	2006 年 7 月 5 日	2012
2	中国工商银行股份有限公司	Industrial and Commercial Bank of China Limited	国有大型商业银行	2006 年 10 月 27 日	2012
3	交通银行股份有限公司	Bank of Communications Co., Ltd.	国有大型商业银行	2007 年 5 月 15 日	2012
4	中国建设银行股份有限公司	China Construction Bank Corporation	国有大型商业银行	2007 年 9 月 25 日	2012
5	中国农业银行股份有限公司	Agricultural Bank of China Limited	国有大型商业银行	2010 年 7 月 15 日	2012
6	中国邮政储蓄银行股份有限公司	Postal Savings Bank of China Co., Ltd.	国有大型商业银行	2019 年 12 月 10 日	2019
7	平安银行股份有限公司	Ping An Bank Co., Ltd.	股份制商业银行	1991 年 4 月 3 日	2012
8	上海浦东发展银行股份有限公司	Shanghai Pudong Development Bank Co., Ltd.	股份制商业银行	1999 年 11 月 10 日	2012
9	中国民生银行股份有限公司	China Minsheng Banking Corp., Ltd.	股份制商业银行	2000 年 12 月 19 日	2012
10	招商银行股份有限公司	China Merchants Bank Co., Ltd.	股份制商业银行	2002 年 4 月 9 日	2012
11	华夏银行股份有限公司	Hua Xia Bank Co., Limited	股份制商业银行	2003 年 9 月 12 日	2012
12	兴业银行股份有限公司	Industrial Bank Co., Ltd.	股份制商业银行	2007 年 2 月 5 日	2012

续表

序号	中文全称	英文全称	机构类型	上市日期	被纳入样本年份
13	中信银行股份有限公司	China Citic Bank Corporation Limited	股份制商业银行	2007年4月27日	2012
14	中国光大银行股份有限公司	China Everbright Bank Company Limited	股份制商业银行	2010年8月18日	2012
15	浙商银行股份有限公司	China Zheshang Bank Co., Ltd.	股份制商业银行	2019年11月26日	2019
16	宁波银行股份有限公司	Bank of Ningbo Co., Ltd.	地方商业银行	2007年7月19日	2012
17	南京银行股份有限公司	Bank of Nanjing Co., Ltd.	地方商业银行	2007年7月19日	2012
18	北京银行股份有限公司	Bank of Beijing Co., Ltd.	地方商业银行	2007年9月19日	2012
19	江苏银行股份有限公司	Bank of Jiangsu Co., Ltd.	地方商业银行	2016年8月2日	2016
20	贵阳银行股份有限公司	Bank of Guiyang Co., Ltd.	地方商业银行	2016年8月16日	2016
21	江苏江阴农村商业银行股份有限公司	Jiangsu Jiangyin Rural Commercial Bank Co., Ltd.	地方商业银行	2016年9月2日	2016
22	无锡农村商业银行股份有限公司	Wuxi Rural Commercial Bank Co., Ltd	地方商业银行	2016年9月23日	2016
23	江苏常熟农村商业银行股份有限公司	Jiangsu Changshu Rural Commercial Bank Co., Ltd.	地方商业银行	2016年9月30日	2016
24	杭州银行股份有限公司	Bank of Hangzhou Co., Ltd.	地方商业银行	2016年10月27日	2016
25	上海银行股份有限公司	Bank of Shanghai Co., Ltd.	地方商业银行	2016年11月16日	2016
26	江苏苏州农村商业银行股份有限公司	Jiangsu Suzhou Rural Commercial Bank Co., Ltd	地方商业银行	2016年11月29日	2016
27	江苏张家港农村商业银行股份有限公司	Jiangsu Zhangjiagang Rural Commercial Bank Co., Ltd	地方商业银行	2017年1月24日	2017
28	成都银行股份有限公司	Bank of Chengdu Co., Ltd.	地方商业银行	2018年1月31日	2018

续表

序号	中文全称	英文全称	机构类型	上市日期	被纳入样本年份
29	郑州银行股份有限公司	Bank of Zhengzhou Co., Ltd.	地方商业银行	2018年9月19日	2018
30	长沙银行股份有限公司	Bank of Changsha Co., Ltd.	地方商业银行	2018年9月26日	2018
31	江苏紫金农村商业银行股份有限公司	Jiangsu Zijin Rural Commercial Bank Co., Ltd	地方商业银行	2019年1月3日	2019
32	青岛银行股份有限公司	Bank of Qingdao Co., Ltd.	地方商业银行	2019年1月16日	2019
33	西安银行股份有限公司	Bank of Xi'an Co., Ltd.	地方商业银行	2019年3月1日	2019
34	青岛农村商业银行股份有限公司	Qingdao Rural Commercial Bank Corporation	地方商业银行	2019年3月26日	2019
35	苏州银行股份有限公司	Bank of Suzhou Co., Ltd.	地方商业银行	2019年8月2日	2019
36	重庆农村商业银行股份有限公司	Chongqing Rural Commercial Bank Co., Ltd.	地方商业银行	2019年10月29日	2019
37	厦门银行股份有限公司	Xiamen Bank Co., Ltd.	地方商业银行	2020年10月27日	2020
38	重庆银行股份有限公司	Bank of Chongqing Co., Ltd.	地方商业银行	2021年2月5日	2021
39	齐鲁银行股份有限公司	Qilu Bank Co., Ltd.	地方商业银行	2021年6月18日	2021
40	浙江绍兴瑞丰农村商业银行股份有限公司	Zhejiang Shaoxing Ruifeng Rural Commercial Bank Co., Ltd.	地方商业银行	2021年6月25日	2021
41	上海农村商业银行股份有限公司	Shanghai Rural Commercial Bank Co., Ltd.	地方商业银行	2021年8月19日	2021
42	兰州银行股份有限公司	Bank of Lanzhou Co., Ltd.	地方商业银行	2022年1月17日	—

注：尽管本表共有42家上市银行，但由于兰州银行于2022年才上市，因而未被纳入本章的PBR计算中。

资料来源：万得（Wind）金融数据库。

第六章

银行业的碳金融产品与服务

自2020年中国正式提出“3060”双碳目标以来，银行业碳金融相关产品与服务的发展开始进入快车道。在政策引领和监管助力下，银行机构围绕双碳目标加快绿色金融创新，积极创新与碳交易相关的碳金融服务，大力布局碳金融领域，迎来了新的发展机遇。

从2021年3月中国银行间市场交易商协会发布《关于明确碳中和债相关机制的通知》，明确银行间市场碳中和债相关机制，支持低碳转型及绿色经济发展；到4月中国人民银行、发改委、证监会联合发布《绿色债券支持项目目录（2021年版）》，首次统一绿色债券相关管理部门对绿色项目的界定标准；从5月中国人民银行印发《银行业金融机构绿色金融评价方案》，每季度对银行业金融机构绿色贷款投放、绿色债券投资情况进行评价，并将评价结果纳入中国人民银行金融机构评级等审慎管理工具，到8月中国人民银行发布首批绿色金融标准，2021年以来，绿色金融相关政策加快出台，行业标准进一步明确和统一，监管考核评价进一步强化。

一、碳金融的基础产品与服务

碳金融是商业银行参与全国碳市场、助力控排企业实现碳资产价值的重要抓手。对于碳交易市场运营主体，银行主要是充当第三方资金登记结算机构的角色，提供开户代理、交易结算、资金存管等服务，以支持碳交易市场的发展。而针对全国碳市场和地方各试点碳市场，提供该碳金融基础服务的商业银行也不尽相同。而且，针对个人客户所提供的碳金融基础服务，商业银行目前也已经进行了积极的创新探索，推出了个人碳账户等新型产品（见表6－1）。

表6－1　　　　　　　　　　银行碳金融基础服务

银行碳金融基础服务	具体服务内容	服务特点	分类	银行开发产品
（代理）开户	为各交易主体办理交易结算资金专用账户或银行卡开户手续（每个交易所结算银行不相同），并与其签署第三方存管协议	银行在碳交易市场中所充当的角色主要是第三方资金登记结算机构，其所提供的碳金融基础服务（包括开户、结算和存管等）旨在为投资者与其对手方搭建资金划转和流通的平台	个人碳账户	2022年3月末中信银行宣布，面向个人用户推出的"中信碳账户"内测版已上线，公开邀请千名用户参与测试体验，这是首个由国内银行主导推出的个人碳账户
			碳排放权交易账户	2014年11月，兴业银行正式上线全国首个基于银行系统的碳交易代理开户系统
结算	每日碳交易终了之际，根据全国及各试点省市碳排放权交易中心（所）的"请求银行生成出入金文件"指令，按时发送出入金及对账文件。交易所对账完毕且无误后同样将向银行发送交易对账文件、处理及确认操作，银行将进行日清算处理		银行资金结算账户	①全国碳排放权交易市场：2021年4月，中国碳排放权注册登记结算系统正式上线，中国民生银行武汉分行作为系统接入银行同步完成上线，成为碳排放权交易登记结算银行。 ②各省市试点碳交易市场：各碳试点交易所指定的结算商业银行各不相同
			—	
存管	与交易主体签署第三方存管协议，并将根据中国人民银行等有关主管部门的相关规定和协议约定进行后续资金的监管		—	

资料来源：共创碳普惠　绿色向未来　业内首家！"中信碳账户"内测版上线［EB/OL］. 深圳信息网，https: //www. sznews. com/news/content/2022 - 03/10/content_24984857. htm，2022 - 03 - 10；兴业银行碳交易代理开户业务正式启动　个人网银可直接开户［EB/OL］. 中国碳交易网，http: //www. tanjiaoyi. com/article - 5442 - 1. html，2014 - 12 - 09；全国碳排放权注册登记结算系统落户武汉［EB/OL］. 中共武汉市网络安全和信息化委员会办公室网站，http: //jyh. wuhan. gov. cn/pub/wxb/xxh/xxhgzdt/202108/t20210826_1766505. shtml，2021 - 08 - 26；笔者根据中信银行官网、兴业银行官网、上海浦东发展银行官网、中国建设银行官网、衢江农商银行官网，全国碳排放权交易中心官网、北京环境交易所官网、上海环境能源交易所官网、深圳排放权交易所官网、广州碳排放权交易所官网、湖北碳排放权交易中心官网、重庆碳排放权交易中心官网、四川联合环境交易所官网、海峡股权交易中心——环境能源交易平台（福建）官网等公开资料整理而得。

（一）（代理）开户

银行提供的（代理）开户碳金融基础服务，主要是与各试点的碳排放权交易中心（所）签订结算协议的商业银行，在其全国的任意网点都可为符合交易所相关开户标准且相关材料手续完备的各交易主体办理交易结算资金专用账户或银行卡开户手续（每个交易所结算银行不相同），并与交易主体签署第三方存管协议。后续过程中，通过网银或者银行柜台，银行将为交易主体办理入金，交易主体在交易所网站下载客户端后，转账入金后便可开始交易。而银行的（代理）开户基础服务又可划分为个人碳账户、碳排放权交易账户以及银行资金结算账户等。

针对个人碳账户，2022 年 3 月末中信银行宣布，面向个人用户推出的“中信碳账户”内测版已上线，公开邀请千名用户参与测试体验，这是首个由国内银行主导推出的个人碳账户。此前，上海浦东发展银行（以下简称“浦发银行”）、中国建设银行、衢江农商银行等多家银行也在碳账户方面进行了尝试和探索。针对碳排放权交易账户，2014 年 11 月，兴业银行正式上线全国首个基于银行系统的碳交易代理开户系统，成为深圳排放权交易所首家也是目前唯一一家利用银行网上平台进行碳交易代理开户的商业银行，参与碳交易市场的国内机构和个人可通过该行个人网银直接开通深圳排放权交易所账户。

（二）结算

银行提供的结算碳金融基础服务，主要是指每日碳交易终了之际，在注册登记系统与碳交易所就配额交易量与资金流逐笔核对、内部审核无误后，银行将根据碳排放权交易所的“请求银行生成出入金文件”指令，按时发送出入金及对账文件。交易所对账完毕且无误后同样将向银行发送交易对账文件、处理及确认操作，银行将进行日清算处理，进而实现以每个交易主体为结算单位的清算资金划转。

（三）存管

与此同时，银行提供的存管碳金融基础服务指的是，银行在为交易主体开办结算账户时会与交易主体签署第三方存管协议，结算银行将根据中国人民银行等有关主管部门的规定和协议约定，保障各交易主体存入交易结算资金专用账户的交易资金安全，以及通过开设的专用账户办理碳交易所与各交易主体之间的资金往来业务。

（四）银行间产业与服务的异同点

而银行（代理）开户服务下的银行资金结算账户、银行结算服务以及银行存管服务针对全国碳排放权交易市场和各省市试点碳交易市场，其提供相关服务的具体银行也有较大差异。

针对全国碳排放权交易市场，2021 年 4 月，中国碳排放权注册登记结算系统正式上线，中国民生银行武汉分行作为系统接入银行同步完成上线，成为碳排放权交易登记结算银行。“民生市场通”就是民生银行专为电子商务交易平台提供的现金管理综合服务方案，为客户提供满足资金沉淀及平台清结算需求的账户体系和满足其跨行出入金需求的支付通道。

此外，针对各省市试点碳交易市场，各碳试点交易所指定的结算商业银行各不相同：北京环境交易所的结算银行为中国建设银行；上海环境能源交易所的结算银行为中国建设银行、浦发银行、兴业银行和中国银行；深圳排放权交易所的结算银行为中国建设银行、兴业银行、浦发银行、中国银行；广州碳排放权交易所的结算银行为浦发银行；湖北碳排放权交易中心的结算银行为中国民生银行和中国建设银行；天津排放权交易所有限公司的结算银行为浦发银行；重庆碳排放权交易中心的结算银行为招商银行；四川联合环境交易所的结算银行为中国银行；海峡股权交易中心——环境能源交易平台（福建）的结算银行为兴业银行。各碳试点结算银行提供以开户、结算、存管等业务为主的碳金融基础服务。

综上，对于银行所提供的这三大碳金融基础服务，在通常情况下，投资者参与碳排放权配额交易首先需在各试点的碳排放权配额注册登记系统开立碳排放权配额账户，用于对所购入碳资产的管理；在交易所的交易系统开立碳排放权交易账户，用于买卖碳资产的交易；同时需在指定结算银行开立银行资金结算账户，用于交易资金的转入与转出。碳排放权配额账户与碳排放权交易账户绑定，实现碳资产在两个账户之间的划转；银行结算账户与碳排放交易账户绑定，实现投资者交易资金在两个账户间的划转。

由此可见，银行在碳交易市场中充当的角色主要是第三方资金登记结算机构，其所提供的碳金融基础服务（包括开户、结算和存管等）旨在为投资者与其对手方搭建资金划转和流通的平台。

二、碳金融的资产管理产品与服务

碳市场催生了排放单位对碳配额资产的管理需求，然而大部分排放企业缺乏相关的经验和能力，并且可能面临由于碳市场价格波动带来的成本风险。而商业银行作为中国金融体系最重要的市场微观主体，其围绕碳交易市场的碳资产管理金融服务既可极大地改善企业碳资产管理经验普遍贫乏的现状，又有利于盘活企业闲置碳资产，实现碳资产的增值保值，这都将进一步促进碳金融市场扩大广度和深度、加强流动性和提高透明度。但不可否认的是，现阶段我国商业银行推出的碳资产管理服务与产品相对匮乏，相信随着近年来中国碳排放权交易市场的大力建设，碳资产管理服务势将成为商业银行在碳交易市场创新发展业务的重要方向之一（见表6－2）。

表6－2　　　　银行碳资产管理服务

银行碳资产管理服务	具体服务内容	服务特点	分类	银行开发产品
碳（资产）托管	狭义的银行碳托管业务指银行将控排企业的碳资产代为持有、集中管理和交易，以实现碳资产的保值增值；广义的碳托管指银行对控排企业所有与碳排放相关的管理工作全权策划实施	企业满意（企业有收益）、政府满意（碳市场量价齐升）、受托银行名利双收，一举三得，碳资产托管未来必将成为银行在碳交易市场创新发展业务的重要方向之一	双方协议托管	2021年7月19日，交通银行江苏省分行与新加坡金鹰集团在南京签署《碳排放权交易资金托管合作协议》。这是全国首单金融机构和跨国企业开展的碳资产托管业务
			交易所监管下的托管	—

续表

银行碳资产管理服务	具体服务内容	服务特点	分类		银行开发产品
碳咨询	商业银行在关于技术、管理、融资和商业的尽职调查等方面提供专业化的咨询业务	帮助企业摸清碳排放家底、提高经济效益，并识别企业碳排放风险和机遇	碳资产管理咨询业务		—
			建立低碳相关领域行业指数		—
			低碳融资咨询业务		2008年中国农业银行率先在我国引入清洁发展机制（Clean Development Mechanism，CDM）咨询业务，主要包括潜在CDM项目调查、CDM项目融资和CDM项目申请等
			风险管理业务		—
碳金融理财	商业银行自行开发设计并销售的由固定收益类证券和金融衍生品结合而成的新型理财产品	商业银行推出与环保以及碳排放权挂钩的理财产品，将公众的低碳行为意识与金融理财行为有效结合	中国银行	2007年	推出挂钩二氧化碳排放额度期货价格的理财产品
				2021年	“中银理财”募集发行首只“碳达峰”主题理财产品
			深圳发展银行	2007年	率先在国内推出首款与二氧化碳排放权挂钩的理财产品
				2008年	“二氧化碳挂钩型”本外币理财产品
			交通银行	2007年	首只挂钩水资源和铀能源股票的产品
			光大银行	2010年	一款特殊的低碳理财产品
			招商银行	2010年	“金葵花”安心回报系列之生态文明特别理财计划
			兴业银行	2014年	兴业银行深圳分行和华能碳资产经营有限公司、惠科电子（深圳）有限公司合作发行附加碳配额收益的结构性存款
				2021年	兴业银行与上海清算所合作，面向企业客户成功发行国内首笔挂钩“碳中和”债券指数的结构性存款

资料来源：新加坡金鹰集团与交通银行江苏省分行签约　全国首单外资碳资产托管落地［EB/OL］. 新华报业网，http：//news. xhby. net/jr/yzrd/202107/t20210719_7161283. shtml，2021－07－19；碳资产托管是什么意思？适用于哪些企业？［EB/OL］. 碳交，http：//www. tanjiao. com/news/read－79. html，2022－03－07；碳金融专题报告（二）：中国碳市场的金融化之路：星星之火，唯待东风［R］. 平安证券，https：//pdf. dfcfw. com/pdf/H3_AP202203041550497683_1. pdf？1646390942000. pdf，2022－03－04；国外商业银行提供哪些低碳咨询业务？［EB/OL］. 易碳家期刊，http：//m. tanpaifang. com/article/41386. htm，2015－01－02；笔者根据中国银行、深圳发展银行、交通银行、光大银行、招商银行以及兴业银行等银行官网公开资料整理而得。

（一）碳（资产）托管

银行所提供的碳（资产）托管碳资产管理服务，是银行资管业务在碳市场的创新应用，其有狭义和广义之分。狭义的银行碳托管业务，主要针对配额托管，即银行受控排企业委托代为持有碳资产，对其碳资产进行集中管理和交易，以实现碳资产的保值增值；广义的碳托管，则指银行受控排企业委托，对企业所有与碳排放相关的管理工作全权进行策划实施，银行所提供的服务包括但不限于CCER开发、碳资产账户管理、碳交易委托与执行、低碳项目投融资、相关碳金融咨询服务等。其可分为双方协议托管和交易所托监管下的托管这两大类。双方协议托管指银行和控排企业通过签订托管协议建立碳资产托管合作，该模式下碳资产划转及托管担保方式灵活多样，完全取决于双方的商业谈判及信用基础，如控排企业可以将拥有的配额交易账户委托给受托商业银行全权进行管理操作，而受托银行支付一定保证金或开具银行保函承担托管期间的交易风险。2021年7月19日，全国碳交易市场正式上线3天之后，交通银行江苏省分行与新加坡金鹰集团在南京签署《碳排放权交易资金托管合作协议》。根据协议，新加坡金鹰集团将在交通银行开立碳排放权交易结算资金专用账户，用于集团在中国区内所有与碳交易相关的交易结算业务，并将该账户委托给交通银行进行监督及保管。这是全国首单金融机构和跨国企业开展的碳资产托管业务。

而目前国内试点市场的碳交易所普遍开发了标准化的碳资产托管服务，交易所托监管下的托管通过碳交易所全程监管碳资产托管过程，可以减少碳资产托管合作中的信用障碍，同时实现碳资产管理机构的资金高效利用。该模式不仅可以帮助控排企业降低托管风险，同时也为受托商业银行提供了一个具有杠杆作用的碳资产托管模式，实现了共赢，有助于碳资产托管业务的推广。

通过将碳资产托管给银行，能够使企业在降低其履约成本和风险、获得碳资产投资收益的同时，专注于自身的主营业务，提高经营效率。对受托银行而言，其作为专业的碳市场交易商，如果手上有可观的托管量，实现交易市场的低买高卖盈利，可操作性更强。如此企业满意（企业有收益）、政府满意（碳市场量价齐升）、受托银行名利双收，一举三得，因而碳资产托管未来必将成为银行在碳交易市场创新发展业务的重要方向之一。

（二）碳咨询

银行所提供的碳咨询碳资产管理服务是指商业银行为其客户的低碳交易在关于技术、管理、融资和商业的尽职调查等方面提供专业化的咨询业务。这些业务可以应用于资产融资、项目融资、股票投资等领域，主要业务包括制定低碳相关领域行业指数、低碳融资咨询业务和风险管理业务等，可分为碳资产管理咨询业务、建立低碳相关领域行业指数、低碳融资咨询业务和风险管理业务四大类。

碳资产管理咨询业务为客户提供相应的碳资产投资咨询、引导，相关投资策略、投资机会的推荐等业务；建立低碳相关领域行业指数服务，在债券和股票市场分别针对与低碳相关的债券和上市公司制定了相关的基准指数，同时为低碳和能源商品制定了基础指数，从而帮助全球投资者跟踪了解新能源、低碳投资业务、重点上市公司及板块的表现情况；低碳融资咨询业务面向清洁能源、低碳行业企业的融资需求提供全面、详细的咨询服务，涉及企业间兼并、并购咨询业务、企业战略性整合业务以及申请低碳相关贷款业务咨询等，2008 年中国农业银行就率先在我国引入包括潜在 CDM 项目调查、CDM 项目融资和 CDM 项目申请等在内的 CDM 咨询业务；风险管理业务是对与低碳经济相关的投融资风险、技术风险、政策法规风险等主要风险进行全面的风险咨询与管理业务，并对碳金融活动中的项目发展、资金流向等进行风险评估。银行所提供的碳咨询碳资产管理服务旨在帮助企业摸清其自身的碳排放家底，提高经济效益，识别企业碳排放风险和机遇，增强企业的行业竞争力并提前规划履约路径，展示企业绿色低碳相关成绩，体现社会责任。

（三）碳金融理财

此外，银行所提供的碳金融理财碳资产管理服务系商业银行自行开发设计并销售的由固定收益类证券和金融衍生品结合而成的新型理财产品，挂钩标的多为交易所上市的低碳环保概念股票，二氧化碳排放权期货合约，碳排放权交易价格，水资源、可再生资源、气候变化等环保指数。以中国银行、深圳发展银行、交通银行、光大银行、招商银行以及兴业银行等为代表的银行均对此进行了诸多积极有益的探索。

例如，中国银行在2007年推出了挂钩二氧化碳排放额度期货价格的汇聚宝0708L、0801L等理财产品，2021年3月其专为贵宾客户打造的专业化、高品质的投资理财服务品牌“中银理财”，又募集发行名为“（碳达峰）中银理财—智富（封闭式）”的首只“碳达峰”主题理财产品，以权益类资产为配置主线，重点挖掘节能减排、新能源、环保、绿色消费等细分行业龙头的投资机遇。深圳发展银行2007年率先在国内推出首款二氧化碳排放权挂钩的理财产品，基础资产为欧盟第二承诺期的二氧化碳排放权期货合约价格。紧接着2008年，其又推出了挂钩欧盟第二承诺期的二氧化碳排放权期货合约的一款“二氧化碳挂钩型”本外币理财产品。交通银行2007年推出首只挂钩水资源和铀能源股票的产品“得利宝·金橙3号一水涨铀高”95%保本美元1年期产品，产品收益与由3只全球水资源股票和2只全球铀能源股票组成的一篮子股票表现挂钩。2010年光大银行推出一款特殊的低碳理财产品一阳光理财·低碳公益理财产品，即每购买5万元理财产品，可购买1吨二氧化碳减排额度。投资者通过购买光大银行低碳公益理财产品，即可在北京环境交易所拥有“个人绿色档案”，并可查询到所购买碳的项目具体信息。同年，招商银行推出“金葵花”安心回报系列之生态文明特别理财计划，该产品特色在于招商银行接受客户委托将理财资金运作的超额收益部分，通过北京环境交易所碳交易平台购买二氧化碳排放抵偿额度。2014年11月，兴业银行深圳分行和华能碳资产经营有限公司、惠科电子（深圳）有限公司合作落地附加碳配额收益的结构性存款。通过结构化设计引入深圳碳排放权作为新的支付标的，企业获得常规存款利息收益的同时，在结构性存款到期日将获得不低于1 000吨的深圳市碳排放权配额。这一交易在体现出商业银行为客户提供稳定的经济回报的同时，也是运用绿色金融领域专业能力为控排企业提供差异化增值服务的大胆尝试。2021年5月17日，兴业银行又与上海清算所合作，面向企业客户成功发行国内首笔挂钩“碳中和”债券指数的结构性存款，进一步丰富兴业银行绿色金融产品货架，其该次所发行的结构性存款为短期存款产品，产品收益分为固定收益和浮动收益两部分，其中浮动收益与观察标的波动变化情况挂钩。挂钩标的为上海清算所“碳中和”债券指数，该指数以募集资金用途符合国内外主要绿色债券标准指南并具备碳减排效益，符合“碳中和”目标的公开募集债券为样本券。

由此可见，众多商业银行推出的与环保以及碳排放权挂钩的理财产品，将公众的低碳行为意识与金融理财行为有效结合，一方面有利于激发个人与企业有意识的碳金融理财行为，为低碳投资项目增加资金来源；另一方面又有利于提高企业参与碳金融项目的积极性，并提高公众对低碳经济和碳金融的认识。

三、碳金融的融资产品与服务

（一）定义

根据世界银行的定义，狭义的碳融资是指提供给某个项目且用于购买温室气体减排配额的资金。广义的碳融资服务还可能包括应对气候变化的市场手段以及比碳信用贸易更广泛的有助于传递与气候相关风险的新工具（如天气衍生品与灾难债券），属于碳金融概念下的重要金融活动。国内商业银行参与碳金融市场进行较多尝试的是提供碳资产抵押或质押融资。企业将自身碳资产或未来碳资产收益作为抵押或者质押，商业银行根据相关流程为其提供贷款，从而盘活企业碳资产，促进资金融通。

（二）分类

碳融资服务产品分类如图 6－1 所示。

1. 碳抵质押等贷款产品

（1）碳资产作为质押物或抵押物。

可以作为质押物或抵押物的碳资产是广义的，包括基于项目产生的和基于配额交易获得的碳资产。目前，我国基于项目的碳资产融资（即或有的 CCER 用于质押/抵押）案例较多，而基于排放权交易下的碳资产融资（即已获得的碳配额或 CCER 用于质押/抵押）起步相对较晚。由于企业已经获得的碳配额或 CCER 属于企业现有资产，在质押过程中易监管，变现风险小，因而近年来受到了越来越多的关注。

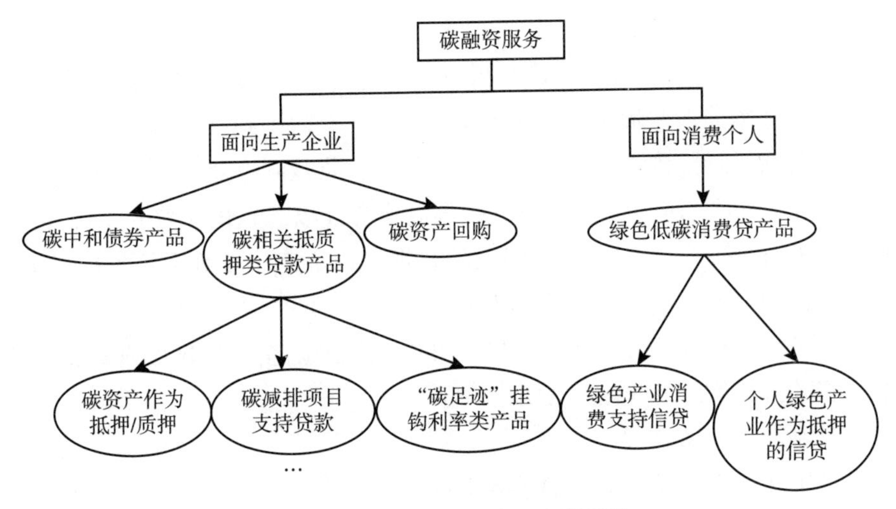

图 6－1　碳融资服务产品分类逻辑

（2）碳减排项目支持贷款。

近年来，中国金融机构不断创新发展以支持碳减排项目为导向的信贷产品，“绿色信贷”的推出，提高了企业贷款的门槛，在信贷活动中，把符合环境检测标准、污染治理效果较好和坚持生态保护作为信贷审批的重要前提。碳减排项目支持贷款针对所有被认定对绿色低碳转型有益的项目，包括绿色技术创新项目、碳密集行业低碳转型项目、环保处理项目等。

2021 年 11 月 8 日，中国人民银行宣布推出碳减排支持工具，金融机构可以申请碳减排支持工具的支持帮助实现绿色信贷。碳减排支持工具的发放对象暂定为全国性金融机构，中国人民银行通过“先贷后借”的直达机制，对金融机构向碳减排重点领域内相关企业发放的符合条件的碳减排贷款，按贷款本金的 60% 提供资金支持，利率为 1.75%。[①] 碳减排支持工具的形式采用“先贷后借”的直达机制，操作机制可以理解为再贷款，即金融机构首先对企业发放贷款，并建立电子台账，随后再向中国人民银行申请“报销”。碳减排支持工具的使用会极大地提高碳减排贷款发放的速度。

---

① 人民银行推出碳减排支持工具［EB/OL］. 中国人民银行成都分行网站，http：//chengdu. pbc. gov. cn/chengdu/129314/4385264/index. html，2021－11－09.

（3）“碳足迹”挂钩利率类产品。

“碳足迹”挂钩利率类产品是指通过将企业生产过程中的“碳足迹”与银行贷款利率挂钩，激励企业主动减污降碳、减少碳排放而创设的一款披露支持类贷款，碳排放强度越小或者降幅越大，贷款利率就越低。“碳足迹”是企业在生产经营中引起的温室气体排放集合（以二氧化碳当量计），企业通过加强自身生产过程中的“碳管理”，把“碳足迹”降到预期之下，即可享受更低的贷款利率，从而降低融资成本。这一类产品一方面是鼓励企业以降碳为重要目标进行生产活动；另一方面也是鼓励企业积极披露碳排放信息，将碳排放信息公开化、透明化。

2. 碳中和债券产品

碳中和债券是绿色债券的重要创新品种，本质上属于绿色债券的子品种，它是在双碳目标的发展下提出来的。2021 年 3 月 18 日，交易商协会发布《关于明确碳中和债相关机制的通知》（以下简称《通知》），其中对碳中和债券的概念做了相关解释，《通知》指出碳中和债券是指募集资金专项用于具有碳减排效益的绿色项目的债务融资工具，需满足绿色债券募集资金用途、项目评估与遴选、募集资金管理和存续期信息披露四大核心要素，属于绿色债务融资工具的子品种。《通知》指出，碳中和债券募集的资金应全部专项用于清洁能源、清洁交通、可持续建筑、工业低碳改造等绿色项目的建设、运营、收购及偿还绿色项目的有息债务，募投项目应符合《绿色债券支持项目目录》或国际绿色产业分类标准，且聚焦于低碳减排领域。碳中和债券需第三方专业机构出具评估认证报告。在发行管理方面，存续期信息披露管理也会更为严格。

3. 碳资产回购

碳资产回购，也就是碳排放配额回购，是指配额持有人（正回购方）将配额卖给购买方（逆回购方）的同时，双方约定在未来特定时间，由正回购方再以约定价格从逆回购方购回总量相等的配额的交易。其中，交易参与人签订回购交易协议，并将回购交易协议交碳排放权交易所核对，启动回购交易，直至最后一个回购日，按照协议约定完成配额和资金结算后，回购交易完成。双方在回购协议中，需约定出售的配额数量、回购时间和回购价格等相关事宜。在协议有效期内，受让方可以自行处置碳排放配额。该项业务是一种通过交易为企业提供短期资金的碳市场创新安排。对控排企业和拥有碳信用的机构（正回购方）而言，卖出并回购碳资产获得短期资金融通，能够有效盘活碳资产，对于提升企业碳资产综合管理能力，以及对提高金融市场对碳资产和碳市场的认知度与接受度有着积极意义；同时，对于金融机构和碳资产管理机构（逆回购方）而言，则满足了其获取配额参与碳交易的需求。

4. 绿色低碳消费贷产品

绿色低碳消费贷产品是以鼓励个人和家庭以绿色低碳消费为导向设计的创新信贷产品，以促进个人的消费行为对绿色低碳转型产生影响。目前中国的商业银行推出的绿色消费贷产品主要分为以下几类：绿色建筑按揭贷款、绿色汽车消费贷款、绿色标识产品消费贷款、绿色信用卡、绿色光伏贷、绿色普惠农林贷款等（见表6－3）。

表6－3　　绿色低碳消费贷产品分类

产品	创新产品内容
绿色建筑按揭贷款	银行面向房地产企业开发的绿色建筑、被动式建筑和装配式建筑属于绿色开发贷范围，针对个人和住户以及企业购买绿色建筑、被动式建筑和装配式建筑向银行申请的融资，可以归为绿色建筑消费信贷或绿色建筑按揭贷款
绿色汽车消费贷款	绿色汽车消费贷指商业银行面向个人、家庭和小微企业购买节能型与新能源汽车等绿色交通工具提供的消费贷款
绿色光伏贷	绿色光伏贷是支持家庭光伏发电专门定制的贷款产品，是主要用于支付光伏电站成套设备费用的消费类贷款，该贷款以家庭收入、国家补贴及余电上网收益为主要还款来源
绿色信用卡	绿色信用卡是商业银行为提倡“低碳”生活、鼓励消费者加入绿色环保行列而推出的绿色环保信用卡。根据绿色行动方式，可分为用于植树造林、用于购买碳减排量、用于环境维权
绿色标识产品消费贷款	绿色标识产品消费贷款是指商业银行面向个人、家庭及小微企业发放的用于购买绿色标识产品的贷款
绿色普惠农林贷款	绿色普惠农林贷款是指商业银行面向农户和林户提供的贷款。在国内绿色消费贷中主要表现为林权抵押贷款以及生态农业贷款等

资料来源：鲁政委．国际绿色消费贷的主要产品有哪些？［J］．北大金融评论，2020（1）．

（三）典型案例

1. 创新低碳融资模式，首笔“碳惠贷”落地

J银行总行与某地省分行联动，抢抓业务商机，与A石油公司携手创新低碳发展新模式，实现首笔“碳惠贷”成功落地。

（1）“碳惠贷”产品定义。

“碳惠贷”是银行基于碳交易市场迅速发展为客户提供的创新融资模式，将企业碳排放强度与银行贷款利率挂钩，碳排放强度越小或降幅越大，贷款利率越低。

（2）案例内容。

A石油公司所辖电力公司是我国最先进的天然气发电企业之一，2020年以来碳排放额以年均15.7%的比例逐步下降，已经实现碳配额结余。

为提高企业绿色发展效益、有效盘活企业碳配额资产盈余，J银行某省分行以内部银团贷款形式给予该电力公司2亿元人民币低成本“碳惠贷”，帮助企业进一步实现低碳运营，减少碳排放量1.5万吨；同时，该电力公司将企业结余的5 000吨碳配额自愿注销，用以支持当地分行实现“碳中和”。有别于采用购买国家核证自愿碳减排量（CCER）方式获取碳源，企业利用银行提供的低成本贷款用于低碳运营，用结余的碳支持商业银行“碳中和”，实现了金融机构与绿色企业协同低碳可持续发展，为进一步推进碳交易市场发展、丰富碳交易市场融资工具探索出一条新路径。

2. 运用绿色保险助力绿色信贷，创新绿色金融在建筑领域的新模式

（1）案例背景。

住房和城市建设部于2019年3月公布新版《绿色建筑评价标准》，并于2021年1月下发新版《绿色建筑标识管理办法》。上述新国标及新办法的实施，有助于建筑行业加速绿色转型。但新国标取消了设计阶段绿色标识的评价节点，规定绿色建筑性能认证统一在项目竣工后进行，这便产生了商业银行绿色信贷发放与绿色建筑性能认定之间的时间错配问题，建设项目在融资阶段无法取得绿色建筑的有效认定依据。上述问题导致建设资金的绿色信贷属性难以在事前认定，成为绿色建筑和绿色金融协同发展的重要障碍。

（2）绿色建筑性能保险定义。

为助力绿色建筑与绿色金融协同发展，发挥母子协同的综合金融服务优势，J银行下属A财险公司推出绿色建筑性能保险（以下简称“绿建保险”），保障因绿色建筑投产前预定星级目标与竣工后实际评定星级之间的偏差而产生的整改或赔偿责任。在绿色建筑项目开工建设前，施工企业根据建设星级目标投保绿建保险。保险公司委聘第三方工程质量风险管理机构（以下简称“TIS机构”）负责绿色建筑项目全过程风险管理服务。绿建保险保单作为施工单位向政府的承诺，同时也作为银行绿色建筑认定的依据，提供绿色信贷融资。在绿色建筑项目开发建设中，TIS机构为企业提供全流程风险把控服务，对企业从规划、设计、施工、竣工到运行等进行全流程跟踪管理，提出改进建议。在绿色建筑项目开发建成后，如绿色评标未能达到预定星级，则触发保险赔付责任，以绿色维修改造或货币补偿方式提供善后解决。

（3）案例内容。

J银行率先在业内创新出台了《绿色建筑贷款管理规范》，并积极推动把该规范上升为某绿色建筑试点地区的地方标准，成为业内绿色建筑贷款的首发标准（见表6-4）。

表6-4　　浙江省湖州（市）《绿色建筑贷款管理规范》主要内容

主要内容	关键释义/重点内容
绿色贷款	金融机构发放给企（事）业法人或国家规定可以作为借款人的其他组织（或个人）用于支持环境改善、应对气候变化和资源节约高效利用，投向环保、节能、清洁能源、绿色交通、绿色建筑等领域项目的贷款
绿色建筑	在全寿命期内，节约资源、保护环境、减少污染，为人们提供健康、适用、高效的使用空间，最大限度地实现人与自然和谐共生的高质量建筑
绿色建筑项目基本条件（绿色建筑项目需满足所有条件）	（1）获得有资质的第三方出具的星级绿色建筑预认证或当地住房和城乡建设局发放的“绿色建筑”预评价标识。有资质的第三方由当地政府或指定的部门公布。（2）土地出让合同明确为星级绿色建筑，或者省企业投资项目备案（赋码）信息表显示为星级绿色建筑。（3）项目开发、建设以及监理等主体有较好的信用记录。（4）项目开发、监理等单位签署并承诺执行市绿色建筑项目融资信息披露自律要求

续表

主要内容	关键释义/重点内容	
绿色建筑项目可选条件（公共建筑需同时满足可选条件）	合格保险机构出具的星级绿色建筑保单	
实施程序	绿色建筑项目贷款的实施程序包括受理申请、前期筛选、尽职调查、项目评估、贷款审查、贷款审批、贷款发放和贷后管理等	
	前期筛选	（1）是否能纳入绿色建筑项目贷款范畴；（2）借款人及项目发起人信用状况是否良好，有无不良信用记录、恶意逃债、欺诈等重大不良记录；（3）国家对拟投资项目有投资主体资格和经营资质有要求的，是否符合相应规定
	尽职调查	（1）是否符合国家的产业、土地、环保、绿色等相关政策，并按规定取得相应的准入要求；（2）是否按规定履行投资项目的合法管理程序，并取得有效期内的核准文件或备案文件等；（3）是否符合国家有关项目资本金制度的规定；（4）是否符合银行业关于信贷政策、环境和社会风险管理等项目准入的相关标准
	项目评估	尽职调查通过后，进入绿色建筑项目评估快速通道，及时完成项目评估
	贷款审查	应对绿色建筑项目贷款的项目评估内容及其他贷款要素进行合法、合规性等审查
	贷款发放	应密切关注绿色建筑项目贷款的实际用途，确保与申请用途一致
	贷后管理	（1）资金用途与借款申请的一致性，是否持续符合绿色建筑项目贷款要求；（2）出具符合绿色建筑项目星级要求材料

资料来源：绿色建筑项目贷款管理规范［EB/OL］. 湖州市市场监督管理局（知识产权局）网站，http://scjgj.huzhou.gov.cn/art/2021/4/1/art_1229209823_58924848.html，2021-04-01.

在此基础上浙江省湖州市充分探索绿色金融在绿色建筑领域的模式：

一是引入绿色建筑性能保险机制。开发绿色建筑性能保险产品，建立市场化、内生化的监督机制，确保绿色建筑项目从设计“绿”到建成“绿”。保险机构不仅实施过程监督，还肩负“兜底”责任。

二是“保险+信贷”机制。鉴于保险的公允性和保障性，投保后的绿色建筑项目可享受绿色信贷差异化支持。

三是“保险+政策”机制。由于绿色建筑性能保险的增信作用，绿色建筑项目更容易获评绿色星标，享受当地政府绿色建筑配套优惠政策。

3. 碳排放权作融资手段，盘活碳资产

（1）案例内容。

2016 年 3 月 21 日，X 银行与 C 航空股份有限公司（以下简称“C 航空”）、Z 碳资产管理有限公司（以下简称“Z 碳资产公司”）在环境能源交易所签署《碳配额资产卖出回购合同》，为国内首单碳配额回购业务。由 C 航空向 Z 碳资产公司根据合同约定卖出 50 万吨 2015 年度的碳配额，在获得相应配额转让资金收入后，将资金委托 X 银行进行财富管理。约定期限结束后，C 航空再购回同样数量的碳配额，并与 Z 碳资产公司分享 X 银行对该笔资金进行财富管理所获得的收益。

（2）碳配额回购意义。

对 C 航空来讲，首先以碳排放权为抵押向碳资产公司出售配额，相当于通过碳排放权获得融资，有效地拓宽了其融资渠道；其次再把融到的资金交给金融机构打理，形成以碳排放权为基础的资产正向流动，盘活碳资产；最后在履约前将碳配额赎回，无风险地完成履约。这类碳融资服务对航空公司来说，既盘活了碳资产又提升了其对金融市场和碳市场的认知度，实现了碳资产的高效管理；对于有碳市场经验又没有配额的碳资产管理公司来说，既可以满足其参与碳交易的需求，又能凭借其专业的市场操作，借助交易时机和策略，在市场波动中实现获利；对于金融机构来说，可以借助其标准化的金融产品更高效地为企业服务，在金融市场中获利的同时拓展崭新的业务平台。可以说，该模式充分发挥了三方在各自市场的强项，实现多方共赢。

4. 碳排放权抵质押融资业务快速成熟，全国各地案例涌现

从 2011 年我国七地启动碳排放权交易试点到 2021 年全国碳排放交易市场的建成，碳排放权抵质押融资业务也随着碳排放权交易市场的发展而逐渐成熟。相较于传统的抵质押融资业务，碳排放权抵质押融资对企业和各商业银行而言都具有一定的吸引力。

（1）碳排放权抵质押融资定义。

碳排放权抵质押融资，指控排企业将自身获得的碳排放权进行担保，通过抵押或者质押的方式获得金融机构融资的一种业务模式，是一种新型的绿

色信贷产品和融资贷款模式。

在碳交易机制下，碳排放权具有了明确的市场价值，为碳排放权作为抵质押物发挥担保增信功能提供了可能。通过碳交易市场多年来的发展，碳排放权抵质押融资已成为目前国内碳金融领域落地相对较多的一种融资方式。

（2）经典案例。

①国内首单碳排放权质押贷款业务。

2014 年，H 省发改委等相关部门向 Y 集团及下属子公司核定发放碳配额 400 万吨，配额市值 8 000 万元。

同年 9 月 9 日，X 银行、H 省碳排放权交易中心和 Y 集团三方签署了碳排放权质押贷款和碳金融战略合作协议，Y 集团利用自有的 210.9 万吨碳排放配额在碳金融市场获得 X 银行 4 000 万元质押贷款，该笔业务单纯以国内碳排放权配额作为质押担保，无其他抵押担保条件，成为国内首笔碳配额质押贷款业务。

②国内首单碳排放权抵押贷款业务。

2014 年 12 月 24 日，国内首单碳排放配额抵押融资业务落地 G 省。G 省 H 公司以碳排放配额获得 P 银行 1 000 万元的碳配额抵押绿色融资。该笔业务由 G 省碳排放交易所作为业务支持机构，配合 G 省发改委出具碳配额所有权证明，G 省碳排放配额注册登记系统进行线上抵押登记、冻结，并发布抵押登记公告。放款成功后 G 省碳排放交易所每周为 P 银行提供盯市管理服务，严格管理业务风险。

（3）企业办理碳排放权抵质押融资的流程。

各家银行的风控标准及风险偏好存在差异，对目标客户的画像有所不同，造成各家银行的贷款审批流程也存在一些差异。以中国建设银行为例，其官网上列出了碳金融业务的产品介绍。里面提到，企业在向银行办理碳排放权抵质押融资时，需要通过中国建设银行对公营业机构或对公客户经理办理，全流程可分为以下 6 步：

①申请：企业可以向中国建设银行各级对公营业机构提出碳金融业务申请。

②申报审批：经中国建设银行审查通过后，将与企业协商一致的融资方案申报审批。

③签订合同：经审批同意后，中国建设银行与客户签订借款合同和担保合同等法律性文件。

④质押登记：在政府有关部门指定的碳排放交易有权登记机构办理碳排放权质押登记手续。

⑤贷款发放：落实贷款条件并发放贷款。

⑥还款：按合同约定方式偿还贷款。

5. 绿色建筑按揭贷款落实到绿色建筑的消费端，鼓励消费者购买行为

（1）绿色建筑按揭贷款释义。

银行面向房地产企业开发的绿色建筑、被动式建筑和装配式建筑属于绿色开发贷范围，那么针对个人和住户以及企业购买绿色建筑、被动式建筑和装配式建筑向银行申请的融资，可以归为绿色建筑消费信贷或绿色建筑按揭贷款（见表6－5）。

表6－5　　绿色建筑贷认定范围

建筑类型	定义
绿色建筑	根据《住房和城乡建设部关于发布国家标准〈绿色建筑评价标准〉的公告》2019年8月1日起正式实施国家标准《绿色建筑评价标准》GB/T50378－2019中定义的绿色建筑为：在全寿命期内、节约资源、保护环境、减少污染，为人们提供健康、适用、高效的使用空间，最大限度地实现人与自然和谐共生的高质量建筑。绿色建筑分为四个等级：基础级、一星级、二星级、三星级。国际上还有美国LEED标准、国际金融公司（IFC）的Egde标准等绿色建筑标准。中国部分商业银行的绿色建筑按揭贷款也将获得这些国际绿色建筑认证标识的绿色建筑纳入支持范围
装配式建筑	根据国家2018年出台的《装配式建筑评价标准》，装配式建筑是由预制部品部件在工地装配而成的建筑。装配式建筑评价等级划分为A级、AA级、AAA级。因此银行向个人或家庭发放的装配式建筑按揭贷款中的装配式建筑，应是满足国家或地区发布的装配式建筑建设或评价标准的建筑
被动式建筑	满足《被动式超低能耗绿色建筑导则（试行）（居住建筑）》及相关地区发布的被动式超低能耗建筑建设或评价标准的建筑

资料来源：兴业研究．中国绿色消费信贷的产品与案例分析——绿色消费信贷系列三［EB/OL］. https：//www. zhiyanbao. cn/index/partFile/1/eastmoney/2021－12/1_9198. pdf，2019－11－05.

（2）产品与案例。

X银行的绿色建筑按揭贷款（产品名称为“绿色按揭贷”），是X银行

面向个人客户和家庭购买绿色建筑、被动式建筑、装配式建筑的住房提供的住房按揭贷款。X 银行给予了差异化的资源安排和授信政策，客户还可享受灵活的还款方式与还款宽限期待遇，同时在满足监管政策要求的前提下，可在 X 银行现行按揭贷款利率基础上，给予适当优惠。

M 农商银行的绿色建筑按揭贷款（产品名称为“绿色住房按揭贷”），是面向个人客户和家庭购买我国星级绿色建筑、美国 LEED 建筑认证、IFC 的 Edge 认证的绿色建筑提供的按揭贷款。该产品主要有三个特色：一是给予绿色建筑按揭贷款利率优惠；二是同时可以配比绿色消费贷款用于购买绿色家居产品；三是提前还款可以免收违约金，其目的是鼓励客户更多地购买绿色住宅产品。根据其 2018 年发布的《M 农商行绿色转型阶段性成果手册》，该行在绿色建筑评价标准的基础上搭建起了不同绿色建筑等级的差异化优惠体系。绿色建筑按揭贷款首付比例与普通住宅一致，但可以享受利率优惠（见表 6－6）。

表 6－6　M 农商银行绿色住房按揭贷款参考利率

<table>
<tr><th colspan="2">美国 LEED 标准</th><th colspan="2">中国绿色建筑标准</th><th colspan="2">Edge 认证标准</th></tr>
<tr><th>评定等级</th><th>利率优惠幅度（%）</th><th>评定等级</th><th>利率优惠幅度（%）</th><th>评定等级</th><th>利率优惠幅度</th></tr>
<tr><td>认证级</td><td>—</td><td>—</td><td>—</td><td rowspan="4">认证级</td><td rowspan="4">3.71%</td></tr>
<tr><td>银级</td><td>1.86</td><td>一星级</td><td>1.86</td></tr>
<tr><td>金级</td><td>3.71</td><td>二星级</td><td>3.71</td></tr>
<tr><td>铂金级</td><td>5.57</td><td>三星级</td><td>5.57</td></tr>
</table>

资料来源：马鞍山农商行绿色转型阶段性手册［EB/OL］. https：//flbook. com. cn/v/3Xs1RdsGfW，2018－05－04.

（3）绿色建筑按揭贷款产品市场前景。

为加快绿色建筑的发展，国家不断出台绿色建筑政策与标准，绿色建筑政策与标准不断完善。2022 年，住房和城乡建设部印发《“十四五”建筑节能与绿色建筑发展规划》明确，到 2025 年，城镇新建建筑全面建成绿色建筑，完成既有建筑节能改造面积 3.5 亿平方米以上，建设超低能耗、近零能耗建筑 0.5 亿平方米以上，装配式建筑占当年城镇新建建筑的比例达到

30%，全国新增建筑太阳能光伏装机容量0.5亿千瓦以上，地热能建筑应用面积1亿平方米以上，城镇建筑可再生能源替代率达到8%，建筑能耗中电力消费比例超过55%。关于绿色建筑标准，2018年2月，住房和城乡建设部标准定额司开始启动《绿色建筑评价标准》新一轮修订工作。2019年5月，住房和城乡建设部发布国家标准《绿色建筑评价标准》（GB/T50378－2019）。30多个省市地方政府也陆续出台绿色建筑的政策与规划，进一步推动了绿色建筑市场的发展，若是这些规划能够有效落实，各地的绿色建筑市场将潜力巨大。

（四）总结

1. 碳排放权配额作为碳金融工具的新兴资产，具备金融属性

碳排放权的最大特点是人为创设，即由政府来设置配额总量、决定分配方法、设计运行机制和监督市场交易。碳排放权的稀缺性主要是由政府施加的外部强制性因素造成的。

碳排放权具备金融属性。这是因为碳排放权类似于货币，可以自由存储和借贷，具有稀缺性、可计量性和普遍接受性等。碳排放权天然的等质、可分割等特性易于开发出具有投资价值和流动性的各种碳金融衍生工具，能够规避相继出现的各类风险，保证了减排措施投资的稳定性和收益性。碳排放权同样可以发挥金融优化资源配置和调整经济结构的作用，促使产业链和能源链从高碳环节向低碳环节转移，转变经济发展方式。放大碳排放权的金融属性，可以提高碳市场的有效性，而碳排放权金融属性的放大依赖金融市场的成熟度。除了金融属性外，碳排放权还具备商品属性和要素属性，具备可交易商品的性质，并且对于许多生产企业来说是必要的生产要素，碳排放权可以发挥要素的优化资源配置和提升全要素生产率的作用，因此碳排放权在碳金融工具中的应用至关重要。

许多碳融资工具的关键设计思路都是以企业碳排放权交换银行资产或低息贷款，如碳抵质押贷款、碳资产回购等，类似的应用逻辑可以运用于多种碳融资工具。

2. 碳抵质押融资将成碳金融市场的重点发展方向

全国碳市场启动后，碳抵质押在我国已有多个落地项目，市场经验充

分，是重要发力方向。对于企业尤其是重点控排企业来说，其具有的碳排放权配额是它们的一大无形资产，若企业不想出售其碳配额，又想降低资金占用压力，将碳排放权作为担保向银行申请贷款是最好的选择。碳排放权抵质押融资为企业提供了一条低成本的市场化减排途径，解决了一些中小型企业融资难的问题，盘活了它们的碳配额资产。同时，企业将获得的资金用于减排项目建设、技术改造升级及运营维护，也促进了企业的低碳经营和发展。

对于银行业而言，开展碳排放权抵质押融资顺应了我国的双碳进程和碳排放权交易蓬勃发展的潮流。2021 年 7 月 14 日，中国银行保险监督管理委员会政策研究局负责人在 2021 年上半年银行业保险业运行发展情况新闻发布会上表示，碳排放权将来作为一个很有效的抵质押品，可为银行扩大融资提供重要的质押基础，这个方面是可以探索的。[①] 发展碳排放权抵质押融资业务有助于银行推动绿色信贷业务发展，通过积极响应有关部门的号召，树立银行自身良好的社会形象，体现银行在我国实现双碳目标过程中的社会责任。

但是目前在全国层面上尚无专门针对碳排放权抵质押融资的相关法律规定，已经完成的业务也基本都是依据地方政府或是监管机构的意见执行，缺少一个统一的标准。相较于《碳排放权登记管理规则（试行）》等碳排放权交易的全国性制度，碳排放权抵质押融资业务并没有一个全国统一的、规范的制度要求。不同地区企业向银行申请贷款规定的差异，不利于商业银行出台对于碳排放权抵质押融资的业务规则，降低了银行扩大碳排放权抵质押业务规模的积极性。

3. 不同融资工具的多层次结合是碳金融的重要创新手段

我国碳金融的发展仍未形成规模，多数产品处于零星试点状态，开展力度偏低，可复制性不强。控排企业主要以履约目的为主，投资和管理碳资产的意愿不强，能力不足。碳排放权资产的法律属性不明确，限制融资类业务发展。不同的碳融资工具都立足于稳定且成熟的碳市场，但目前我国的

---

① 银保监会：碳排放权将来可作为银行扩大融资有效抵质押品［EB/OL］. 中国经济网，http：//www. ce. cn/xwzx/gnsz/gdxw/202107/14/t20210714_36718553. shtml，2021－07－14.

碳市场还存在诸多不完善的地方，有效性欠缺，如碳价稳定性较弱、区域碳市场割裂、碳市场信息披露不足、交易主体参与度受限等。众多问题都会导致碳融资工具的有效性受到影响，融资效果发挥受限，企业参与热情不高。

对于全行业来说，低碳转型涉及许多方面，单一的融资工具只能针对其中一个环节，对于整个流程来说仍然可能存在其他的问题。例如，绿色建筑领域可能涉及绿色保险、绿色信贷、消费优惠贷、用工政策福利等环节，如果可以打造系统的信贷模式，运用到不同地区和不同行业，可以更好地解决绿色建筑项目的融资难问题。

第七章

气候与环境信息披露对银行业经营的影响

如何应对气候变化、治理环境污染，促进人与自然和谐共存，已成为全球经济社会可持续发展的核心议题。近年来，中国持续推进生态文明建设，绿色金融上升为国家战略，党的十九大报告进一步将“美丽生态”写进社会主义现代化强国建设的重要目标，明确提出要“发展绿色金融，推进绿色发展”。[①] 因此，绿色金融在绿色发展中起着重要作用，其中金融机构环境信息披露是发展绿色金融的重要一环。金融机构环境信息披露是推动绿色金融的重要基础性制度，与绿色金融标准、产品和市场、政策激励约束、国际合作共同构成绿色金融体系的“五大支柱”。金融机构披露其生产经营活动涉及的环境信息，有利于发挥金融中介作用，引导投融资服务方向，推动自身改善环境表现，进而促进经济绿色发展。

在此背景下，银行等金融机构对与气候和环境相关的市场机遇和风险进行评估并进行相应披露，也日益成为趋势。例如，2017 年 6 月联合国金融稳定委员会气候相关财务信息披露工作组（TCFD）发布《气候相关财务信息披露工作组建议报告》（以下简称“TCFD 框架”）。该报告所包含的指引和框架正是为帮助投资者、贷款人和保险公司等金融机构对与气候相关风险和机遇进行适当评估，以便揭示气候因素对金融机构收入、支出、资产和负债，以及资本和投融资的实际和潜在的财务影响。

---

① 习近平指出，加快生态文明体制改革，建设美丽中国［EB/OL］. 中国政府网，http：//www. gov. cn/xinwen/2017 - 10/18/content_5232657. htm，2017 - 10 - 18.

金融机构环境信息披露是指金融机构就与环境相关的信息进行披露，主要包括以下两个方面：一是金融机构自身经营活动和投融资活动对环境影响的相关信息；二是气候和环境因素对金融机构机遇与风险影响的相关信息。目前，国际上在环境信息披露方面声誉较好的金融机构大多参照世界资源研究所（World Resources Insititute）组织开发的温室气体核算体系（The Greenhouse Gas Protocol）的三个范围进行温室气体排放信息披露：范围1（Scope 1）是金融机构直接拥有或控制的资源产生的温室气体排放；范围2（Scope 2）是金融机构电能购买使用过程中产生的温室气体排放；范围3（Scope 3）是除范围1和范围2外，金融机构非实际拥有或控制的资源所产生的温室气体排放①。而TCFD框架建议金融机构从治理、战略、风险管理，以及指标和目标四个方面，并结合三个范围的思路进行环境信息披露。

与生产型企业不同，金融机构环境信息披露的特点主要体现为以下几个方面：一是金融机构的环境绩效和环境影响多集中在资产管理部分，即范围3中“投资”部分，而生产型企业环境绩效及环境影响主要体现在自身生产经营活动中，即集中在范围1和范围2；二是金融机构环境风险主要由其投融资客户出现的环境或气候风险而引发，如自然灾害引起的客户资产受损，能源企业因能源结构转型带来的转型风险，从而引起的金融机构信用风险、连带责任风险或声誉等；三是金融机构可通过穿透式管理，在投融资决策时对客户的环境与气候风险进行评估，并将其纳入客户授信。既可防范环境风险，又可通过金融机构资产管理过程体现责任与担当，更合理、高效地配置资本，促进企业低碳转型。

金融机构环境信息披露是推动绿色金融发展，实现双碳目标的重要基础。2020年12月，中国人民银行行长易纲在新加坡金融科技节上明确提出要研究建立强制性金融机构环境信息披露制度。2021年8月，中国人民银行发布中国首批绿色金融标准，拉开了中国绿色金融标准编制的序幕。首批绿色金融标准包括《金融机构环境信息披露指南》（JR/T 0227—2021）及《环境权益融资工具》（JR/T 0228—2021）两项行业标准。② 但是我国金融

---

① 范围3类别15“投资”。参见温室气体协议“Corporate Value Chain（Scope 3）”标准。

② http：//hbba. sacinfo. org. cn，2021 -07 -22.

机构环境信息披露在标准规范科学、配套保障等方面还存在不足，需要进一步研究完善。

基于此，本书进行了以下探索和梳理。首先，整理了我国各地区、行业和重点企业的碳减排目标。企业作为市场经济的重要参与者，其经营行为所产生的环境影响、减排策略和披露维度越来越受到关注并引起专业性的探讨。所以我们调查了我国重点企业的温室气体减排目标的设定状况。

其次，对中国银行业进行气候和环境信息披露的现状进行探索，而且对目前中国银行业气候和信息披露的相关政策制度进行梳理，从中提取关于银行披露环境信息的情况。具体而言，对中国 21 家主要银行的披露方式以及披露内容进行梳理，结果发现目前中国银行业的气候和环境信息披露方式呈现多样化，没有固定统一的披露途径，并且披露内容详略不同，定量指标披露标准不一致。

再次，总结了中国人民银行推出的碳减排支持工具相关特点、重点支持领域和项目、发放对象及信息披露、实施近况，以及提出碳减排支持工具未来将如何更好地助力双碳目标的达成。

最后，进一步探究了国际银行业气候和环境信息披露的相关经验。关于国际上银行业的相关政策和制度，主要基于 TCFD、SBTi、CDP 三个国际组织和机构。因此，我们调查了中国银行业基于 TCFD、SBTi、CDP 所倡议的气候变化信息披露的相应情况。最后，以英格兰银行和花旗银行为例，总结银行业环境信息披露的国际实践经验。

一、中国各地区、行业和重点企业的碳减排目标

全球气候变化是 21 世纪人类面临的重大挑战。随着人类活动对全球气候的影响，气候危机的影响程度和范围越来越大，几近无处不在。由于全球变暖，我们正在经历热浪、洪水、干旱、森林火灾和海平面上升等一系列灾害性极端气候事件。由于我国已经是全球最大的碳排放国，因此应对气候变化事关国内国际两个大局，事关全局和长远发展，是推动经济高质量发展和生态文明建设的重要抓手，也是参与全球治理和坚持多边主义的重要领域。从 2020 年 9 月的联合国大会到同年 12 月举行的气候雄心峰会，习近平主席

多次表示，中国二氧化碳排放力争于2030年前达到峰值，努力争取于2060年前实现“碳中和”。

联合国政府间气候变化专门委员会（IPCC）发布《气候变化2021：自然科学基础》（Climate Change 2021：the Physical Science Basis），报告显示，目前，全球地表平均温度增幅已经超过1℃，中国升温幅度高于全球平均升温水平。如果继续以目前的速率升温，全球温升幅度可能会在2030～2052年达到1.5℃。中国采取行动应对气候变化，尽早达峰迈向近零碳排放，这不仅是国际责任担当，也是美丽中国建设的需要和保障。

目前，不仅很多国家已经提出了碳中和目标。习近平主席在75届联合国大会代表中国正式提出“3060”双碳目标，自此，中国的各个地区、行业协会、龙头企业均已经开始积极行动。

（一）中国各地区的碳减排目标

华北地区历来是我国主要煤炭生产地区。2020年全年我国煤炭产量累计为38.44亿吨，其中山西和内蒙古为煤炭产量最多的两个省份，分别占全国的27.66%和26.04%，合计占比超过50%。[①]

随着“碳达峰”“碳中和”任务目标的提出，煤炭又是碳排放的主要能源来源，因此华北地区成为我国传统能源产能结构调整的头号阵地。在这一背景下，华北地区“十四五”发展的主要目标和规划是为实现“碳达峰”“碳中和”加快传统能源结构的改革，推进煤炭安全高效开采和清洁高效利用，如表7-1所示。

表7-1　华北地区关于“碳达峰”“碳中和”的“十四五”发展目标

省市	“十四五”规划发展目标与规划
北京	碳排放稳中有降，“碳中和”迈出坚实步伐，为应对气候变化做出北京示范
天津	扩大绿色生态空间，强化生态环境治理，推动绿色低碳循环发展，完善生态环境保护机制体制
河北	制定实施“碳达峰”“碳中和”中长期规划，支持有条件市县率先“达峰”。开展大规模国土绿化行动，推进自然保护地体系建设，打造塞罕坝生态文明建设示范区。强化资源高效利用，建立健全自然资源资产产权制度和生态产品价值实现机制

① 笔者根据国家统计局以及前瞻产业研究院相关数据整理。

续表

省市	“十四五”规划发展目标与规划
山西	绿色能源供应体系基本形成，能源优势特别是电价优势进一步转化为比较优势、竞争优势
内蒙古	建设国家重要能源和战略资源基地、农畜产品生产基地，打造我国向北开放重要桥头堡，走出一条符合战略定位、体现内蒙古特色，以生态优先、绿色发展为导向的高质量发展新路子

资料来源：笔者根据各省份发布的“十四五”规划整理。

华东地区包括上海、江苏、浙江、安徽、江西、福建、山东，该地区自然环境条件优越，物产资源丰富，商品生产发达，工业门类齐全，是中国综合技术水平最高的经济区。华东地区的轻工、机械、电子工业在全国占主导地位，其铁路、水运、公路、航运四通八达，是中国经济文化最发达地区。

但经济发达的背后意味着高占比的能源消耗，根据2020年《国家能源统计年鉴》所披露的相关信息，我国2019年华东地区总能源消费占比达29.69%，是我国七大地区中能源消费量最多的地区。

为了对标国家在2030年实现“碳达峰”、2060年实现“碳中和”的目标，华东地区各省份的“十四五”规划目标中主要提出加快新能源对传统石化能源的结构替代，提高非化石能源比重，如表7－2所示。以山东为例，其“十四五”目标是打造山东半岛“氢动走廊”，加快氢能源的发展。安徽、浙江等省份更是在“十四五”规划中对非石化能源替代以及装机量提出了明确的量化目标，坚决落实“碳达峰”“碳中和”要求，实施“碳达峰”行动。

表7－2　华东地区关于“碳达峰”“碳中和”的“十四五”发展目标和规划

省市	“十四五”规划发展目标与规划
上海	坚持生态优先、绿色发展，加大环境治理力度，加快实施生态惠民工程，使绿色成为城市高质量发展最鲜明的底色
江苏	大力发展绿色产业，加快推动能源革命，促进生产生活方式绿色低碳转型，力争提前实现“碳达峰”，充分展现美丽江苏建设的自然生态之美、城乡宜居之美、水韵人文之美、绿色发展之美
浙江	推动绿色循环低碳发展，坚决落实“碳达峰”“碳中和”要求，实施“碳达峰”行动，大力倡导绿色低碳生产生活方式，推动形成全民自觉，非化石能源占一次能源比重提高到24%，煤电装机占比下降到42%

续表

省市	"十四五"规划发展目标与规划
山东	打造山东半岛"氢动走廊"，大力发展绿色建筑。降低碳排放强度，制定"碳达峰""碳中和"实施方案
安徽	强化能源消费总量和强度"双控"制度，提高非化石能源比重，为2030年前碳排放达峰赢得主动
江西	严格落实国家节能减排约束性指标，制定实施全省2030年前碳排放达峰行动计划，鼓励重点领域、重点城市碳排放尽早达峰。坚持"适度超前、内优外引、以电为主、多能互补"的原则，加快构建安全、高效、清洁、低碳的现代能源体系，积极稳妥发展光伏、风电、生物质能等新能源，力争装机达到1 900万千瓦以上
福建	深入贯彻习近平生态文明思想，持续实施生态省战略，围绕"碳达峰""碳中和"目标，全面树立绿色发展导向，构建现代环境治理体系，努力实现生态环境更优美

资料来源：根据各省份发布的"十四五"规划整理所得。

东北地区是我国传统工业发展地区，主要有沈大工业带、长吉工业带、哈大齐工业带三个工业带，形成了辽中南城市群、哈长城市群两大城市群，主要工业城市有沈阳市、大连市等。尽管受20世纪90年代末，产能过剩、冗员过多、产业结构调整等因素的影响，东北工业有所衰落，但目前东北地区仍然是我国中国重工业大省，其坐拥鞍山钢铁集团有限公司、沈阳第一机床厂和大庆油田等工业能源大厂。因此，东北的能源消耗和碳排放问题也较为严重。

结合区域发展特性，东北地区各省"十四五"规划目标主要以发展替代能源和建设绿色工业园区为主（见表7－3）。

表7－3　东北地区关于"碳达峰""碳中和"的"十四五"发展目标和规划

省市	"十四五"规划目标与规划
辽宁	围绕绿色生态，单位地区生产总值能耗、二氧化碳排放达到国家要求。围绕安全保障，能源综合生产能力达到6 133万吨标准煤
吉林	巩固绿色发展优势，加强生态环境治理，加快建设美丽吉林
黑龙江	要推动创新驱动发展实现新突破，争当共和国攻破更多"卡脖子"技术的开拓者

资料来源：根据各省份发布的"十四五"规划整理所得。

华中地区包括河南、湖北、湖南三省，位于中国中部、黄河中下游和长江中游地区，涵盖海河、黄河、淮河、长江四大水系，资源丰富，水陆交通便利。由于华中地区地理位置优越，资源丰富，是我国重要的建材生产区域。因此，华中地区工厂分布也较为广泛，碳排放压力较大。

湖北省作为我国七个碳排放交易试点地区所在省份之一，根据湖北碳排放权交易中心的数据，截至 2021 年 5 月 31 日，二级市场累计成交 3.48 亿吨，占全国的 50.40%；成交额 81.52 亿元，占全国的 55.69%。[①]

为了落实“碳达峰”“碳中和”目标任务，华中地区各省在政策行动上积极落实国家碳排放达峰行动方案，调整优化产业结构和能源结构，如表 7－4所示。

表 7－4　华中地区关于“碳达峰”“碳中和”的“十四五”发展目标和规划

省市	“十四五”规划目标与规划
湖北	推进“一主引领、两翼驱动、全域协同”区域发展布局，加快构建战略性新兴产业引领、先进制造业主导、现代服务业驱动的现代产业体系，建设数字湖北，着力打造国内大循环重要节点和国内国际双循环战略链接
湖南	落实国家碳排放达峰行动方案，调整优化产业结构和能源结构，构建绿色低碳循环发展的经济体系，促进经济社会发展全面绿色转型。加快构建产权清晰、多元参与、激励约束并重的生态文明制度体系
河南	构建低碳高效的能源支撑体系，实旅电力“网源储”优化、煤炭稳产增储、油气保障能力提升、新能源提质工程，增强多元外引能力，优化省内能源结构。持续降低碳排放强度，煤炭占能源消费总量比重降低 5 个百分点左右

资料来源：根据各省份发布的“十四五”规划整理所得。

华南地区，位于中国南部，包括广东省、广西壮族自治区、海南省、香港特别行政区以及澳门特别行政区。广义自然地理上的华南地区还包括台湾地区。华南地区是我国制造业发展区域，拥有众多制造加工厂商以及电子设备厂商。并且，广东省是我国七个碳排放交易试点地区中碳排放权交易总额仅次于湖北的省份。因此，华南地区有较大的节能减排需求。

① 资料来源：湖北碳排放交易量和交易额均占全国一半 是最活跃碳市场［EB/OL］. 湖北碳排放权交易中心，2021，https：//www.hubei.gov.cn/hbfb/rdgz/202107/t20210716_3648415.shtml，2021－07－16.

另外，华南地区紧邻我国南海，海上资源丰富，发展风能、海洋能和太阳能的自然条件优越。因此，在我国华南地区“十四五”发展目标和2021年重点工作任务中关于节能减排的方向主要是利用沿海资源大力推进发展清洁能源，推动传统产业生态化、绿色化改造等，如表7－5所示。

表7－5　华南地区关于“碳达峰”“碳中和”的“十四五”发展目标和规划

省市	“十四五”规划目标与规划
广东	打造规则衔接示范地、高端要素集聚地、科技产业创新策源地、内外循环链接地、安全发展支撑地，率先探索有利于形成新发展格局的有效路径
广西	持续推进产业体系、能源体系和消费领域低碳转型，制定二氧化碳排放达峰行动方案，推进低碳城市、低碳社区、低碳园区、低碳企业等试点建设，打造北部湾海上风电基地，实施沿海清洁能源工程
海南	发展清洁能源、节能环保、高端食品加工三个优势产业。清洁能源装机比重达80%左右，可再生能源发电装机新增400万千瓦。清洁能源汽车保有量占比和车桩比达到全国领先水平

注：因信息收集问题，表中没有显示香港、澳门、台湾的相关信息。
资料来源：根据各省份发布的“十四五”规划整理所得。

西南地区包括重庆市、四川省、贵州省、云南省、西藏自治区共五个省份。西南地区位处于长江中上游，覆盖云贵高原和青藏高原南部，发展水力发电和光伏发电以及风力发电有较好的自然条件。西南地区各省政府的“十四五”规划目标也主要以水力发电和风电等新能源发电项目为主，如表7－6所示。其中，云南和西藏等省份更是在2021年工作任务中直接提出了相关项目建设要求和目标。

表7－6　西南地区关于“碳达峰”“碳中和”的“十四五”发展目标和规划

省市	“十四五”规划目标与规划
四川	单位地区生产总值能源消耗、二氧化碳排放降幅完成国家下达的目标任务，大气、水体等质量明显好转，森林覆盖率持续提升；粮食综合生产能力保持稳定，环境治理效果显著增强，能源资源配置更加合理、利用效率大幅提升，主要污染物排放总量持续减少
重庆	探索建立碳排放总量控制制度，实施二氧化碳排放达峰行动，采取有力措施推动实现2030年前二氧化碳排放达峰目标。开展低碳城市、低碳园区、低碳社区试点示范，推动低碳发展国际合作，建设一批零碳示范园区

续表

省市	“十四五”规划目标与规划
贵州	积极应对气候变化，制定贵州省2030年碳排放达峰行动方案，降低碳排放强度，推动能源、工业、建筑、交通等领域低碳化
云南	采取一切有效措施，降低碳排放强度，控制温室气体排放，增加森林和生态系统碳汇，积极参与全国碳排放交易市场建设，科学谋划碳排放达峰和“碳中和”行动
西藏	加快清洁能源规模化开发，形成以清洁能源为主、油气和其他新能源互补的综合能源体系。加快推进“光伏＋储能”研究和试点，大力推动“水风光互补”，推动清洁能源开发利用和电气化走在全国前列，2025年建成国家清洁可再生能源利用示范区。

资料来源：根据各省份发布的“十四五”规划整理所得。

就西北地区而言，自然区划西北地区位于昆仑山—阿尔金山—祁连山和长城以北，大兴安岭、乌鞘岭以西，行政区划西北地区包括陕西、甘肃、新疆维吾尔自治区、青海、宁夏回族自治区。西北地区深居中国西北部内陆，具有面积广大、干旱缺水、荒漠广布、风沙较多、生态脆弱、人口稀少、资源丰富、开发难度较大、国际边境线漫长、平均海拔较高等特点。

由于我国西北地区的地理特点，其白天日照充足，常年降雨较少，风沙较多且地势较广，不利于电网的铺设反而非常利于开发光伏和风电项目，因此历来是我国清洁能源建设的示范地区。相比于其他区域，我国西北地区“十四五”规划目标在大力推进新能源发展的同时，还积极布局电网的深入覆盖，如表7－7所示。

表7－7　我国西北地区关于“碳达峰”“碳中和”的“十四五”发展目标和规划

省市	“十四五”规划目标与规划
陕西	生态环境质量持续好转，生产生活方式绿色转型成效显著，三秦大地山更绿、水更清、天更蓝
甘肃	用好“碳达峰”“碳中和”机遇，推进能源革命，加快绿色综合能源基地建设，打造国家重要的现代能源综合生产基地、储备基地、输出基地和战略通道。坚持把生态产业作为转方式、调结构的主要抓手，推动产业生态化、生态产业化，促进生态价值向经济价值转化增值，加快发展绿色金融，全面提高绿色低碳发展水平
新疆	力争到“十四五”末，全区可再生能源装机规模达到8 240万千瓦，建成全国重要的清洁能源基地。立足新疆能源实际，积极谋划和推动“碳达峰”“碳中和”工作，推动绿色低碳发展

续表

省市	“十四五”规划目标与规划
青海	“碳达峰”目标、路径基本建立。开展绿色能源革命，发展光伏、风电、光热、地热等新能源，打造具有规模优势、效率优势、市场优势的重要支柱产业，建成国家重要的新型能源产业基地
宁夏	制定碳排放达峰行动方案，推动实现减污降碳协同效应。全链条布局清洁能源产业。坚持园区化、规模化发展方向，围绕风能、光能、氢能等新能源产业，高标准建设新能源综合示范区。到2025年，全区新能源电力装机力争达到4 000万千瓦

资料来源：根据各省份发布的“十四五”规划整理所得。

（二）中国各行业的碳减排目标

“二氧化碳排放力争于2030年前达到峰值，努力争取2060年前实现碳中和”的目标，正在深刻地影响经济大势和产业走向，改变着人们的生活。石油、化工、煤炭、钢铁、电力、汽车、环保、交通等行业，都宣布了各自的碳达峰和碳中和计划及路线图，碳减排目标正在逐渐变为具体行动。具体的碳减排目标如表7－8所示。

表7－8　　碳排放八大重点行业碳减排目标

行业	目标
石化、化工业	到2025年，通过实施节能降碳行动，炼油、乙烯、合成氨、电石行业达到标杆水平的产能比例超过30%，行业整体能效水平明显提升，碳排放强度明显下降，绿色低碳发展能力显著增强
建材业	到2025年，水泥熟料单位产品综合能耗水平下降3%以上。到2030年，原燃料替代水平大幅提高，突破玻璃熔窑窑外预热、窑炉氢能煅烧等低碳技术，在水泥、玻璃、陶瓷等行业改造建设一批减污降碳协同增效的绿色低碳生产线，实现窑炉碳捕集利用封存技术产业化示范
有色金属业	到2025年，铝水直接合金化比例提高到90%以上，再生铜、再生铝产量分别达到400万吨、1 150万吨，再生金属供应占比达24%以上。到2030年，电解铝使用可再生能源比例提至30%以上
钢铁业	到2025年，废钢铁加工准入企业年加工能力超过1.8亿吨，短流程炼钢占比达15%以上。到2030年，富氢碳循环高炉冶炼、氢基竖炉直接还原铁、碳捕集利用封存等技术取得突破应用，短流程炼钢占比达20%以上
造纸业	造纸行业建立农林生物质剩余物回收储运体系，研发利用生物质替代化石能源技术，推广低能耗蒸煮、氧脱木素、宽压区压榨、污泥余热干燥等低碳技术装备。到2025年，产业集中度前30位企业达75%，采用热电联产占比达85%；到2030年，热电联产占比达90%以上

续表

行业	目标
电力	通过5～8年时间，电力装备供给结构显著改善，保障电网输配效率明显提升，高端化智能化绿色化发展及示范应用不断加快，国际竞争力进一步增强，基本满足适应非化石能源高比例、大规模接入的新型电力系统建设需要。煤电机组灵活性改造能力累计超过2亿千瓦，可再生能源发电装备供给能力不断提高，风电和太阳能发电装备满足12亿千瓦以上装机需求，核电装备满足7 000万千瓦装机需求
航空业	到2035年，中国民航绿色低碳循环发展体系趋于完善，运输航空实现碳中性增长，机场二氧化碳排放逐步进入峰值平台期，我国成为全球民航可持续发展重要引领者；到2025年，中国民航碳排放强度持续下降，低碳能源消费占比不断提升，民航资源利用效率稳步提高

资料来源：石化化工重点行业严格能效约束推动节能降碳行动方案（2021－2025年）[EB/OL]. http://www.gov.cn/zhengce/zhengceku/2021－10/22/5644224/files/2b8106ab9f3b40b9b6898ab031db9a6e.pdf，2021－10－18；冶金、建材重点行业严格能效约束推动节能降碳行动方案（2021－2025年）[EB/OL]. http://www.gov.cn/zhengce/zhengceku/2021－10/22/5644224/files/d95c2c675afb42bbab2dc3bfb72c4986.pdf，2021－10－18；工业领域碳达峰实施方案[EB/OL]. http://www.gov.cn/zhengce/zhengceku/2022－08/01/5703910/files/f7edf770241a404c9bc608c051f13b45. Pdf，2022－07－07；加快电力装备绿色低碳创新发展行动计划[EB/OL]. http://www.gov.cn/zhengce/zhengceku/2022－08/29/content_5707333. htm，2022－08－24；"十四五"民航绿色发展专项规划[EB/OL]. http://www.gov.cn/zhengce/zhengceku/2022－01/28/5670938/files/c22e012963ce458782eb9cb7fea7e3e3. Pdf，2021－12－21.

2021年10月18日，为推动重点工业领域节能降碳和绿色转型，坚决遏制全国"两高"项目①盲目发展，确保如期实现碳达峰目标，国家发改委等部门联合发布《关于严格能效约束推动重点领域节能降碳的若干意见》②。其中重点任务是突出抓好重点行业，分步实施、有序推进重点行业节能降碳工作，首批聚焦能源消耗占比较高、改造条件相对成熟、示范带动作用明显的钢铁、电解铝、水泥、平板玻璃、炼油、乙烯、合成氨、电石等重点行业。分行业研究制定具体行动方案，明确节能降碳主要目标和重点任务。同时制定了石化化工、冶金、建材重点行业的行动方案。

2022年7月，工业和信息化部、国家发改委、生态环境部联合印发

① "两高"项目指高耗能、高排放项目。

② 国家发展改革委等部门关于严格能效约束推动重点领域节能降碳的若干意见[EB/OL]. 中华人民共和国中央人民政府网站，http://www.gov.cn/zhengce/zhengceku/2021－10/22/content_5644224.htm，2021－10－18.

《工业领域碳达峰实施方案》[①]，聚焦重点行业，制定钢铁、建材、石化化工、有色金属等行业碳达峰实施方案，研究消费品、装备制造、电子等行业低碳发展路线图，分业施策、持续推进，降低碳排放强度，控制碳排放量。

我国电力碳排放在国家总排放中占比近 50%，推动电力行业绿色转型是实现碳达峰碳中和目标的重中之重。[②] 电力能源供给将由主要依靠传统煤电逐渐转变为更多依靠风电、光伏等低碳排放的新能源发电，能源生产将从主要依靠资源转变为更多依靠装备，电力装备成为落实双碳战略、实现能源强国建设目标的重要基础和支撑。2022 年 8 月，工业和信息化部、财政部、商务部等五部门联合制定了《加快电力装备绿色低碳创新发展行动计划》[③]。

目前，我国碳减排任务仍然十分繁重，最为突出的是以重化工为主的产业结构、以煤为主的能源结构和以公路货运为主的运输结构没有根本改变。杜祥琬院士[④]在 2020 年 11 月 18 日“能源转型与碳达峰、碳中和”讲座中提到，目前我国电力行业、交通行业、建筑和工业碳排放占比分别达到 41%、28% 和 31%。[⑤]

2021 年 7 月 16 日，全国碳排放权交易市场上线交易，地方试点碳市场与全国碳市场并行。全国碳排放权交易市场的交易中心位于上海，碳配额登记系统设在武汉。企业在武汉注册登记账户，在上海进行交易，两地共同承担全国碳排放权交易体系的支柱作用。

目前全国碳市场覆盖的重点排放单位为 2013～2019 年任一年排放达到 2.6 万吨二氧化碳当量（综合能源消费量约 1 万吨标准煤）的发电企业（含

① 工业和信息化部，国家发展改革委，生态环境部关于印发工业领域碳达峰实施方案的通知 [EB/OL]. 中国政府网，http://www.gov.cn/zhengce/zhengceku/2022-08/01/content_5703910.htm，2022-07-07.

② 《加快电力装备绿色低碳创新发展行动计划》解读 [EB/OL]. 中国政府网，http://www.gov.cn/zhengce/2022-08/30/content_5707401.htm，2022-08-30.

③ 工业和信息化部　财政部　商务部　国务院国有资产监督管理委员会　国家市场监督管理总局关于印发加快电力装备绿色低碳创新发展行动计划的通知 [EB/OL]. 中国政府网，http://www.gov.cn/zhengce/zhengceku/2022-08/29/content_5707333.htm，2022-08-24.

④ 杜祥琬，国家能源咨询专家委员会副主任、国家气候变化专家委员会名誉主任、中国工程院院士。

⑤ 杜祥琬院士：“碳中和”目标将带来能源行业新增长点 [EB/OL]. 一财网，2020，https://baijiahao.baidu.com/s?id=1685664867869130852&wfr=spider&for=pc，2020-12-10.

其他行业自备电厂）。全国碳排放权交易市场于2021年7月16日启动线上交易，发电行业成为首个纳入其中的行业。生态环境部副部长赵英民在政策例行吹风会上介绍，纳入重点排放单位超过2 000家，这些企业碳排放量超过40亿吨二氧化碳。[①]

未来中国碳市场将进一步完善市场机制，通过释放合理的价格信号，来引导社会资金的流动，降低全社会的减排成本，进而实现碳减排资源的最优配置，推动生产和生活的绿色低碳转型，助力中国如期实现“二氧化碳排放在2030年前达到峰值，在2060年前实现碳中和”的目标。

预期2022年后，建材行业和钢铁行业将会成为第二批纳入全国碳市场的行业，并且在“十四五”期间会逐步完成除发电行业外的其他七个重点能耗行业（石化、化工、建材、钢铁、有色、造纸、航空）的纳入。

预计完成八大行业覆盖之后，全国碳市场的配额总量有可能会从目前的45亿吨扩容到70亿吨，覆盖我国二氧化碳排放总量的60%左右。按照目前的碳价水平，到碳达峰的2030年，累计交易额有望达到1 000亿元。

为推动碳减排尽快达峰，各行业都投入行动，构建产业发展新格局与碳减排行动路径，在科学编制“十四五”规划的基础上，制定2030年前碳排放达峰行动方案，进一步明确碳减排实施路径、实施步骤和各节点达到的目标。

（三）重点企业碳减排目标

2021年12月18日，生态环境部中国环境新闻工作者协会与北京化工大学联合在京发布《中国上市公司环境责任信息披露评价报告（2020年度）》[②]（以下简称《报告》）。《报告》指出，上市公司环境责任信息披露水平稳步提升，披露指数创新高，2020年指数为37.35，相比2019年上升11.7%，增幅为历年最高。

《报告》评价结果显示，2020年沪深股市上市公司总计4 418家，已发布社会责任报告、环境报告书、可持续发展报告，以及环境、社会及管理

---

① 全国碳排放权交易市场将启动上线交易选择发电行业为突破口［N］. 人民日报，http://www.gov.cn/xinwen/2021-07/16/content_5625373.htm，2021-07-16.

② 中国上市公司环境责任信息披露评价报告（2020年度）［R］. http://hebei.rmsznet.com/video/d298787.html.

（ESG）报告有效样本的企业共 1 135 家，比 2019 年增加 129 家，占 4 418 家上市公司的 25.69%。其中，沪市和深市发布上述报告的有 665 家和 470 家，均比 2019 年有所增加，分别占总发布数的 58.59%、41.41%。

上市公司官网环境责任信息披露整体水平较上年有所提升。4 418 家上市公司中，有 4 275 家设置了企业官网，占比达 96.76%，其余 143 家企业未查询到官网。样本企业主要分布在东部地区，约是中部、西部企业总和的 3 倍。按照所有制划分，民营企业最多，为 2 601 家；国有企业次之，为1 232家。对设置官网企业的环境责任信息披露评价结果显示：整体平均得分率为 20.9%，"设置环境保护相关专栏"项得分率最高，达到 27.6%，比 2019 年增长了 3.3 个百分点；"环保公益活动""双碳战略、双碳发展"两项指标的得分率均低于 10%，说明企业环保公益和双碳战略实施披露情况处于较低水平。

双碳战略背景下，1 135 家有效样本企业中，温室气体披露平均得分率为 17.80%。其中，803 家企业（占全部发布数量的 70.75%）不同程度地对碳排放信息进行了公开披露，表明双碳战略已在这部分上市公司的环境责任信息披露框架内获得一定程度的重视；8.47% 的企业碳信息得分率处于 60% 以上，64.76% 的企业得分率低于 30%，碳排放信息披露质量呈现塔型分布，总体尚有较大提升空间。

1. 企业支持 TCFD 建议、进行气候信息披露的情况

为应对气候变化，2015 年 12 月，金融稳定理事会（简称 FSB）设立了气候相关财务信息披露工作组（TCFD）。其目标是通过制定气候变化相关财务信息披露的统一框架，来促使信息更加公开透明，能够了解金融系统对于气候变化的风险敞口。我国近年来积极参与全球气候风险信息披露的规则制定和实践。2017 年的第 9 次中英经济财金对话中提出金融机构建立披露试点，根据 TCFD 的建议进行环境信息披露。截至 2021 年 11 月底，全球共有 89 个国家和地区的 2 700 家机构正式发布公告支持 TCFD。[①] 中国共有 33 家企业支持 TCFD，其中一般非金融企业 12 家。值得注意的是，中国支持 TCFD 的企业中，有 17 家是 2021 年加入的。由此可见，自 2020 年双碳目标

① 持续关注气候变化风险 银华基金成为 TCFD 支持机构［EB/OL］. https://i.ifeng.com/c/8BmGwXKI9M7，2021－12－08.

提出以来，中国企业的行动是非常迅速的。越来越多的中国企业根据 TCFD 框架，研究制定双碳工作方案，明确绿色低碳战略，完善公司治理，将气候风险纳入全面风险管理体系，在促进绿色低碳转型方面进行了深入探索和实践。许多企业以 TCFD 建议框架为基础，从战略、治理、风险管理、指标和目标方面积极加强气候相关信息披露。

2. 企业参与 SBTi 的情况

2021 年 11 月 10 日，科学碳目标倡议（The Science Targets initiative，SBTi）发布了其《金融机构净零排放基础草案》（Net-Zero Foundations for Financial Institutions Draft），SBTi 表示这标志着其净零排放融资标准制定过程的开始。目前有 2 000 余家公司加入了科学碳目标倡议组织，包括承诺设定目标的公司，以及目标已获批准的公司。[①] 截至 2021 年 11 月 27 日，参加科学碳目标倡议组织的中国企业为 45 家，且数目逐年增加，特别是在明确提出双碳目标后，参与 SBTi 企业的数目得到了大幅度提升（见表 7－9）。在中国大陆，有 11 家公司设立的科学碳目标已经得到了 SBTi 的验证，这其中有 4 家公司设定了 WB2 目标[②]（Well Below 2℃），有 7 家公司设定了 1.5℃ 目标（即将气温的上升控制在 1.5℃ 以下），包括联想和京东物流。此外，还有 34 家中国大陆的公司表示将在向 SBTi 提交承诺书后的 24 个月内制定科学碳目标。位于中国香港和中国台湾的 43 家公司也承诺设定科学碳目标。[③] 2021 年，总部设在中国且承诺加入 SBTi 的公司数量有所增加，但仍有许多披露工作要做。

表 7－9　　参与 SBTi 中国企业的发展趋势　　单位：家

年份	2019 年	2020 年	2021 年
SBTi 参加中国企业（累计）	1	13	45
上市企业	0	4	10
金融业	0	0	0
非上市企业	1	9	35

资料来源：笔者根据 SBTi 网站信息整理所得。

①② 《巴黎协定》提出的全球共同长期目标，在中长期内设定的温室气体减排目标，规定气温的上升应该控制在 2℃ 以下，并继续努力将气温控制在 1.5℃ 以下。

③ SBTi 联合创始人 Alberto：金融机构范围三排放管理挑战较大［EB/OL］. https://m.jiemian.com/article/6837158.html，2021－11－22.

3. 企业参与CDP建议披露情况

根据《CDP 2020年中国上市企业报告》，来自12个行业的65家中国上市企业参与了2020年CDP环境信息披露，较2019年增加17家，如表7－10所示。最近三年参与气候变化信息披露的企业数量逐年增长，年平均增长率达45%。

表7－10　2018～2020年中国上市企业参与CDP信息披露情况

报告事项		CDP2020	CDP2019	CDP2018
企业数	回答数（家）	65	48	29
	回复率（%）	10.38	10.17	9
问卷类型	气候（家）	62	42	29
	水（家）	14	11	9
	森林（家）	13	11	4
一般企业数（家）		61	44	25

资料来源：CDP 2020年中国上市企业报告［R］. https://cdn.cdp.net/cdp－production/cms/reports/documents/000/005/807/original/应对环境信息披露趋势__加速企业低碳转型.pdf，2021－06.

其中有61家回复CDP的中国企业向投资者披露了气候、水安全和森林主题的数据。每一主题问卷的披露企业数量较2019年均有不同程度的增长，这表明中国企业正在加快通过标准化的框架进行环境信息披露，并持续为应对将来的强制性环境信息披露做准备。

对于企业的下一步工作，我们建议企业开始依据《巴黎协定》1.5℃和2℃升温路径，参考科学碳目标倡议（SBTi）的方法制定可追踪的气候目标。一旦确定详细的目标，企业将可以依据这些目标更有效地制定管理策略和规划节能减排工作。除此之外，企业需要尽早开始关注正面临的或即将面临的气候风险，制定符合自身业务的风险管理方案，并将风险信息披露给投资人，以便与其开展合作，共同降低气候风险带来的重要影响。

不管是从行业还是从地区推动双碳行动落实，实施主体都主要是企业。首先，重点领域国有企业特别是中央企业要制定实施企业碳达峰行动方案，发挥示范引领作用。其次，重点用能单位要梳理核算自身碳排放情况，深入研究碳减排路径，“一企一策”制定专项工作方案，推进节能降碳。最后，相关上市公司和发债企业要按照环境信息依法披露要求，定期公布企业碳排放信息。

随着中国上市公司碳排放榜的发布和不断完善，将有效推动上市公司碳排放数据透明化，激励企业落实减碳行动，同时增加公众对于碳排放碳市场的了解，推广绿色低碳理念。

二、中国银行业的气候和环境信息披露现状

（一）相关政策制度

银行业作为中国金融机构的主力军，是中国企业生产和运营资金融通的重要媒介。因此，银行业的气候和环境信息披露是中国实现绿色发展、完成双碳目标的重要一环。近些年来，金融监管部门出台政策文件多角度支持绿色投融资行为，同时也通过集中统计、信息披露提升绿色投融资透明度等方式对环境信息测算和披露进行规范。

1. 绿色信贷

中国银行业监督管理委员会（以下简称“银监会”）于 2007 年出台《节能减排授信工作意见》，督促银行业金融机构把调整和优化信贷结构与国家经济结构紧密结合，有效防范信贷风险。2012 年，银监会继续制订了《绿色信贷指引》，该文件规定，银行业金融机构应当公开绿色信贷战略和政策，充分披露绿色信贷发展情况；但对绿色信贷所产生的环境效益未作具体要求。2013 年，银监会出台了《绿色信贷统计制度》文件，要求 21 家主要银行统计环境安全重大风险企业、节能环保项目及服务的信贷情况并每半年报送银监会。2018 年 3 月，中国人民银行印发《中国人民银行关于建立绿色贷款专项统计制度的通知》，即《绿色贷款专项统计制度》，从用途、行业、质量维度分别对金融机构发放的节能环保项目及服务贷款和存在环境、安全等重大风险企业贷款进行统计。表 7 - 11 展现了《绿色信贷统计制度》《绿色贷款专项统计制度》所要求的填报机构、报送频率、填报内容等项目。

表 7-11　《绿色信贷统计制度》《绿色贷款专项统计制度》要求填报内容

监管部门	银保监会	中国人民银行
文件名称	《中国银监会办公厅关于报送绿色信贷统计表的通知》	《中国人民银行关于建立绿色贷款专项统计制度的通知》
填报机构	全国21家主要银行（各政策性银行、国有商业银行、股份制商业银行、邮政储蓄银行）	全国24家主要银行（各政策性银行、国有商业银行、股份制商业银行）
报送频率	半年报	季度报
填报内容	（1）环境、安全等重大风险企业信贷情况统计表： ①客户数； ②贷款余额； ③比年初增减额； ④贷款五级分类。 （2）节能环保项目及服务贷款情况统计表： ①贷款余额； ②比年初增减额； ③贷款五级分类； ④节能减排量（标准煤、二氧化碳、化学需氧量、氨氮、二氧化硫、氮氧化物、节水）	（1）环境、安全等重大风险企业贷款统计： ①按企业类别划分； ②按承贷主体所属行业划分； ③按贷款质量划分。 （2）绿色贷款统计： ①按贷款用途划分； ②按贷款承贷主体所属行业划分； ③按贷款质量划分； ④按用途划分的有关行业贷款

资料来源：《中国银监会办公厅关于报送绿色信贷统计表的通知》《中国人民银行关于建立绿色贷款专项统计制度的通知》。

2018年，银监会在其官网集中披露了2013年6月末至2017年6月末国内21家主要银行绿色信贷的整体情况，为便于社会公众更加清楚地理解相关指标内涵，还随披露信息发布了《绿色信贷统计信息披露说明》。2020年，银保监会在绿色信贷统计制度的基础上制定了《绿色融资统计制度》，新制度在两张统计表的基础上又增加了绿色融资统计表，扩大了银行绿色业务的统计范围，增加了非金融企业债券投资余额、绿色银行承兑汇票余额、绿色信用证余额，同时细化了绿色融资项目分类，增加了节能减排指标。

关于绿色债券方面，中国人民银行《关于银行间债券市场发行绿色金融债券有关公告》《关于加强绿色金融债券存续期监督管理有关事宜的通知》以及与证监会共同发布的《绿色债券评估认证行为指引（暂行）》等，对债券支持绿色项目环境效益测算、披露和第三方鉴证提出要求。

2. 金融机构行业标准

2021 年 7 月 22 日，中国人民银行下发了推荐性金融行业标准——《金融机构环境信息披露指南》，这是中国制定的第一批绿色金融标准。该指南适用于银行、期货、资产管理、证券、保险、信托及其他金融机构，提供了金融机构在环境信息披露过程中应遵循的原则、披露的形式、内容要素以及各要素原则要求，为金融机构进行环境信息披露提供了指引。金融机构就与环境相关的信息进行披露，包括金融机构自身经营活动和投融资活动对环境影响的相关信息，气候和环境因素对金融机构机遇与风险影响的相关信息。其中该指南建议银行业进行环境披露的内容如表 7－12 所示。

表 7－12　《金融机构环境信息披露指南》建议银行业环境披露内容

披露原则	真实	尽可能客观、准确、完整地向公众披露环境相关信息。引用的数据、资料注明来源
	及时	在报告期末以监管机构许可的途径及时发布年度环境信息报告。当本机构或本机构的关联机构发生对社会公众利益有重大影响的环境事件时，及时披露相关信息
	一致	环境信息披露测算口径和方法在不同时期宜保持一致性
	连贯	环境信息披露的方法和内容宜保持连贯性
披露形式	编制发布专门的环境信息报告（鼓励）	
	在社会责任报告中对外披露	
	在年度报告中对外披露	
披露内容	年度概况	报告年度内与环境相关的目标愿景、战略规划、政策、行动及主要成效。如自身经营活动所制定的碳排放控制目标及完成情况，资源消耗、污染物及防治、气候变化的缓解和适应情况等
	治理结构	董事会层面设置的绿色金融相关委员会情况，包括其制定的本机构环境相关战略目标，对环境相关风险和机遇的分析与判断，对环境相关议题的管理、监督与讨论
		高管层面设置的绿色金融相关管理职位或内设机构情况，包括该管理职位或内设机构的主要职责和报告路线
		专业部门层面在部门职责范围内贯彻落实绿色金融相关工作的情况和成效
	政策制度	制定的与环境相关的内部管理制度，特别是报告年度内实施的新政策和新举措
		贯彻落实与机构相关的国家及所在地区的环境政策、法规及标准等情况
		遵守采纳与机构相关的气候及环境国际公约、框架、倡议等情况

续表

披露内容	产品与服务创新	开发的绿色金融创新产品与服务的情况；以信贷类产品为例，披露内容可以包括但不限于产品名称、投放范围、创新点（还款来源、发放对象、利率、期限、用途等）、运作模式、运行情况等
		金融机构绿色产品创新的环境效益和社会效益
	风险管理流程	识别和评估环境相关风险的流程
		管理和控制环境相关风险的流程
	环境因素对金融机构的影响	环境风险和机遇： (1) 识别的短期、中期和长期的环境相关风险和机遇； (2) 环境相关风险和机遇对金融机构业务、战略的影响； (3) 为应对环境影响所采取的措施及效果
	环境因素对金融机构的影响	环境风险量化分析： (1) 开展情景分析或压力测试的实际情况或未来计划； (2) 开展情景分析或压力测试时所采用的方法学、模型和工具； (3) 开展情景分析或压力测试所得到的结论； (4) 对情景分析或压力测试结果的实际应用； (5) 上述应用所产生的积极效果
	商业银行投融资活动的环境影响	概述整体投融资情况及其对环境的影响
		行业投融资结构较之前年度的变动情况及其对环境的影响
		客户投融资情况及其对环境的影响
		代客户管理的绿色投资资产及变动情况
		绿色投融资政策执行效果
		绿色投融资案例
		绿色供应链及其对环境的影响
	经营活动的环境影响	经营活动产生的直接温室气体排放和自然资源消耗
		采购的产品或服务所产生的间接温室气体排放和间接自然资源消耗
		采取环保措施所产生的环境效益
		环境影响的量化测算
	绿色金融创新及研究成果	绿色金融创新实践案例
		围绕绿色金融、环境风险分析等方面所进行的国内外各项研究及取得的成果、未来展望
	其他环境相关信息	金融机构认为除上述内容外的其他适合披露的信息，例如金融机构的全球法人识别编码等

资料来源：中国人民银行．金融机构环境信息披露指南（2021）[EB/OL]. https://hbba.sacinfo.org.cn/stdDetail/d7fdc393441c89e1778f966faefb877a82cdeaf28e27e5737b08eacd8173535b，2021－07－22.

（二）中国银行业披露现状

1. 中国银行业披露方式

截至2021年6月，中国开发性金融机构、政策性银行、国有大型商业银行、股份制商业银行主要有21家[①]，本书对21家银行在2020年进行的气候与环境信息披露方式进行整理，如表7－13所示。

表7－13　　21家主要银行2020年气候与环境信息披露方式

银行	年报	社会责任报告	可持续发展报告	环境专题报告	绿色债券报告
国家开发银行			√		
中国进出口银行	√				
中国农业发展银行	√				
中国工商银行				√	√
中国农业银行		√			
中国银行		√			√
中国建设银行		√			√
交通银行		√			
中国邮政储蓄银行		√			
中信银行			√		
中国光大银行		√			
招商银行			√	√	√
上海浦东发展银行		√			
中国民生银行		√			
华夏银行		√			
平安银行			√		
兴业银行			√		

① 银行业金融机构法人名单（截至2021年6月30日）[EB/OL]. https://www.cbirc.gov.cn/cn/view/pages/govermentDetail.html? docId=1002746&itemId=863&generaltype=1.

续表

银行	年报	社会责任报告	可持续发展报告	环境专题报告	绿色债券报告
广发银行			√		
渤海银行		√			
浙商银行		√			
恒丰银行		√			

资料来源：根据21家银行发布的有关气候及环境信息报告整理。

目前中国银行业环境信息披露方式呈现多样化，没有固定统一的披露途径，获取气候与环境信息需要查看多类报告。从表7－12中可知，调查的21家银行的气候与环境信息披露方式主要有五种：年报、社会责任报告、可持续发展报告、环境专题报告、绿色债券报告。其中有12家银行（57.14%）选择通过社会责任报告进行披露，6家银行（28.57%）通过可持续发展报告进行披露。而仅有中国工商银行、中国银行、中国建设银行、招商银行四家银行发布了绿色债券报告，同时中国工商银行、招商银行发布了环境专题报告进行披露，而进出口银行、农业发展银行仅通过年报进行披露。可知中国大部分银行的气候和环境信息仅作为社会责任报告中的部分章节进行披露，仅有少数银行通过发布环境专题报告、绿色债券报告进行单独披露。

2. 中国银行业披露内容

《金融机构环境信息披露指南》建议银行业环境披露内容分为定性内容披露和定量内容披露。定性内容主要包括战略规划、治理结构、政策制度、风险管理、产品与服务、实践案例以及经营活动环保措施。定量内容主要是银行绿色金融业务开展的具体情况以及所带来的环境效益等具体可以量化的数据披露，包括绿色信贷余额、"两高一剩"行业[1]贷款情况、发行绿色债券余额、绿色承销额、折合减排二氧化碳当量、折合减排标准煤等16项定量指标。因此按照定性内容和定量内容进行分类，对中国21家银行2020年

①"两高一剩"行业：两高行业指高污染、高能耗的资源性的行业；一剩行业即产能过剩行业。

气候与环境信息披露内容进行整理，如表 7－14、表 7－15 所示。

表 7－14　　21 家银行 2020 年气候与环境披露定性内容

银行	战略规划	治理结构	政策制度	风险管理	产品与服务	实践案例	经营活动环保措施
国家开发银行	√		√	√	√	√	√
中国进出口银行	√		√		√	√	√
中国农业发展银行					√	√	
中国工商银行	√	√	√	√	√	√	√
中国农业银行	√	√	√	√	√	√	√
中国银行	√	√	√		√	√	√
中国建设银行	√		√	√	√	√	√
交通银行	√		√	√	√	√	√
中国邮政储蓄银行	√	√	√	√	√	√	√
中信银行	√	√	√		√	√	√
中国光大银行	√		√	√	√	√	√
招商银行	√	√	√	√	√	√	√
上海浦东发展银行	√		√		√	√	√
中国民生银行	√		√		√	√	√
华夏银行	√	√	√		√	√	√
平安银行	√	√	√	√	√	√	√
兴业银行	√		√	√	√	√	√
广发银行	√		√	√	√	√	√
渤海银行	√	√	√	√	√	√	√
浙商银行	√	√	√	√	√	√	√
恒丰银行	√	√	√	√	√	√	√

资料来源：根据 21 家银行发布的有关气候及环境信息报告整理。

表 7－15　　　　21 家银行 2020 年气候与环境披露定量内容

	绿色信贷余额	“两高一剩”行业贷款情况	发行绿色债券余额	绿色债券承销	折合减排二氧化碳当量	折合减排标准煤	折合节水	折合减排化学需氧量	折合减排氨氮	折合减排二氧化硫	折合减排氮氧化物	电子替代率	直接温室气体排放	间接温室气体排放	废弃物	办公用纸消耗
国家开发银行	√		√		√	√	√	√	√	√	√					√
中国进出口银行	√		√		√	√										√
中国农业发展银行	√												√	√		
中国工商银行	√		√	√	√	√	√	√	√	√	√	√	√	√	√	√
中国农业银行	√		√									√	√	√		
中国银行			√									√	√	√	√	√
中国建设银行	√		√		√	√	√	√	√			√	√	√	√	√
交通银行	√											√	√	√	√	√
中国邮政储蓄银行	√											√	√	√	√	
中信银行	√	√										√	√	√	√	√
中国光大银行	√												√	√	√	√
招商银行	√	√	√	√	√	√	√	√	√	√	√	√	√	√	√	√
上海浦东发展银行	√		√									√	√	√	√	√
中国民生银行	√	√			√	√	√	√	√	√	√		√	√	√	
华夏银行	√		√			√	√		√			√	√	√	√	√
平安银行	√	√	√										√	√		
兴业银行	√	√			√	√	√	√	√	√	√		√	√	√	
广发银行	√	√											√	√		
渤海银行					√	√	√			√	√					
浙商银行	√	√											√	√	√	
恒丰银行	√		√					√								

资料来源：根据 21 家银行发布的有关气候及环境信息报告整理。

从 21 家银行披露的内容来看，关于气候与环境定性内容披露详略不同，其中产品与服务、实践案例 21 家银行均有所披露；战略规划、政策制度、经营活动环保措施披露率也比较高，在 21 家银行中仅有农业发展银行未进行披露。但是，关于治理结构、风险管理这两类信息的披露相对较少，占比分别为 52.38%、66.67%。

从披露的具体内容来看，多数银行并没有对风险管理进行详尽披露，在风险管理的相关内容披露中，仅中国工商银行、招商银行披露了气候环境的情景分析和压力测试情况。而气候变化必然将对银行资产产生影响，其影响程度在中长期更为显著，对其业务、战略和财务业绩也会产生潜在的影响，因此银行的气候环境的情景分析和压力测试极为重要，但是银行对于气候风险管理未进行详细的披露。相对于定性内容，21 家银行的定量内容披露比较少，而且定量指标披露并不统一。关于绿色信贷余额，银行披露程度较高，但是具体到“两高一剩”行业贷款额的披露相对较少。而且关于银行开展绿色业务所带来的环境收益披露得也较少，即折合减排二氧化碳当量、折合减排标准煤、折合节水、折合减排化学需氧量、折合减排氨氮、折合减排二氧化硫、折合减排氮氧化物指标，仅有国家开发银行、中国工商银行、招商银行、中国民生银行、兴业银行五家银行对环境收益进行了完全披露，占比 23.81%。

此外，关于银行自身运营的统计信息披露程度较低，而且所统计的范围不统一，有的仅局限于银行总部，银行自身运营统计覆盖的范围较小。

三、中国人民银行的碳减排支持工具

（一）中国人民银行推出碳减排支持工具

2021 年政府工作报告提出，要扎实做好碳达峰、碳中和各项工作，要“加快建设全国用能权、碳排放权交易市场，完善能源消费双控制度”，“实施金融支持绿色低碳发展专项政策，设立碳减排支持工具”。[①] 2021 年 11 月 8 日，中国人民银行宣布正式推出碳减排支持工具。

---

① 2021 年李克强总理作政府工作报告［R］. http：//www.gov.cn/zhuanti/2021lhzfgzbg/index.htm，2022-03-15.

碳达峰、碳中和是我国新发展理念下的一项长期目标，碳减排支持工具是我国金融支持双碳目标实现的具体政策措施，也是支持低碳领域的结构性货币政策工具的首次探索。2021 年 11 月 17 日，国务院常务会议决定设立的 2000 亿元煤炭清洁高效利用专项再贷款，是碳减排支持工具的政策沿袭。自碳达峰、碳中和目标确立之后，中国人民银行高度重视绿色金融发展，并提出了“三大功能”“五大支柱”① 的绿色金融发展思路。碳减排支持工具是充分发挥金融支持绿色低碳发展的资源配置功能的具体表现，也是金融机构监管和信息披露要求、绿色金融产品和市场体系等支柱构建的重要组成部分。碳减排支持工具具有结构、总量与价格三个方面相结合的货币政策功能。

图 7 – 1 展示了碳减排支持工具的运作机制：第一，金融机构向符合条件的清洁能源、节能环保、碳减排技术类贷款申请按与对应期限的贷款市场报价利率（LPR）持平的利率发放贷款。第二，金融机构向中国人民银行申

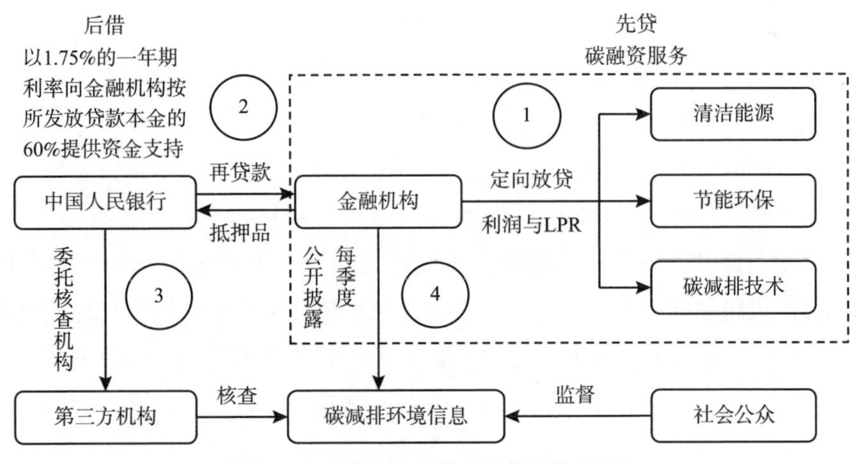

图 7 – 1　碳减排支持工具的运作机制

资料来源：根据中国人民银行公开信息整理。

① “三大功能”，主要是指充分发挥金融支持绿色发展的资源配置、风险管理和市场定价三大功能。“五大支柱”，一是完善绿色金融标准体系；二是强化金融机构监管和信息披露要求；三是逐步完善激励约束机制；四是不断丰富绿色金融产品和市场体系；五是积极拓展绿色金融国际合作空间。

请再贷款，需要同时提供已发放碳减排贷款相关的碳减排数据及合格质押品。中国人民银行以1.75%的一年期利率向金融机构按所发放贷款本金的60%提供资金支持。第三，金融机构按季度披露碳减排支持工具所支持融资项目的碳减排相关数据，接受公众监督。第四，中国人民银行委托第三方专业机构或通过其他方式核实验证披露信息的真实性。

（二）碳减排支持工具的特点

第一，先贷后借，精准直达。碳减排支持工具采用“先贷后借”的直达机制，即金融机构在向中国人民银行申请相应的再贷款时必须已完成对应碳减排融资贷款的发放。这就避免了金融机构获得中国人民银行资金支持后出于各种理由不能充分投放或挪作他用的可能，保障了碳减排支持工具资金切实用于碳减排领域，从而做到精准直达。

第二，优惠利率，宽松传导。当前一年期 LPR 为3.8%，五年期 LPR 为4.65%。[①] 碳减排支持工具要求金融机构给碳减排融资贷款的利率与同期限档次 LPR 大致持平，也就保证了需求端低成本的碳减排融资。而碳减排支持工具给予金融机构的再贷款利率（一年期1.75%）比中期借贷便利 MLF 利率（一年期2.95%）低120个基点，且没有额度限制。[②] 这为金融机构落实碳减排支持工具提供了高于行业平均的净息差，将激励金融机构积极投放与碳减排支持工具相关的贷款。

第三，自主决策，自担风险。碳减排支持工具要求金融机构在自主决策、自担风险的前提下，向碳减排重点领域内的各类企业一视同仁地提供碳减排贷款。全国性商业银行的常规信贷业务已有成熟的尽调、风控等管理体系，但碳减排支持工具聚焦在碳减排领域，则对银行机构碳减排信贷项目碳

---

① 贷款市场报价利率（LPR）由各报价行按公开市场操作利率（主要指中期借贷便利利率）加点形成的方式报价，由全国银行间同业拆借中心计算得出，为银行贷款提供定价参考。目前，LPR 包括1年期和5年期以上两个品种。LPR 报价行目前包括18家银行，每月20日（遇节假日顺延）9时前，各报价行以0.05个百分点为步长，向全国银行间同业拆借中心提交报价，全国银行间同业拆借中心按去掉最高和最低报价后算术平均，并向0.05%的整数倍就近取整计算得出 LPR，于当日9时15分公布，公众可在全国银行间同业拆借中心和中国人民银行网站查询。

② 资料来源：中国人民银行．人民币汇率中间价图表［EB/OL］. http：//www. pbc. gov. cn/rmyh/108976/index. html#LPR，2020－04－15.

效益评估管理的能力提出了挑战，需要银行机构着力快速提升，补齐短板。

第四，碳减排核算和公开披露。为保障碳减排支持工具的精准性和直达性，中国人民银行要求金融机构公开披露发放碳减排贷款的情况以及贷款带动的碳减排数量等信息，并由第三方专业机构对这些信息进行核实验证，接受社会公众监督。透明化是支持工具的一大创新点，将防范“漂绿”“洗绿”等问题，推动金融机构提高绿色金融服务能力和碳减排金融产品数字化管理能力。

（三）碳减排支持工具重点支持领域和项目

碳减排支持工具突出结构性特征，以实现双碳为最终目的，重点支持具有显著碳减排效应的行业；长期来看，可能会拓展至间接实现碳减排效应的其他领域。从支持的行业来看，如图7－2所示，一是清洁能源领域，涉及风能、太阳能、生物能、氢能、地热能、海洋能等能源的生产及利用领域。核能因其是不可再生能源，且投资巨大、风险系数高，未被纳入碳减排支持工具的重点支持领域。二是节能环保领域，主要包括工业领域能效提升、新型电力系统改造等。三是碳减排技术领域，主要包括碳捕集、封存与利用（CCUS）等。目前我国CCUS还处在基础研发或项目示范阶段，现为油企全流程独立运营和CCUS运营商模式，体量小、周期长、成本高、安全规范尚不完善，但减排潜力大，是未来实现碳中和目标的重要手段，需要金融机构

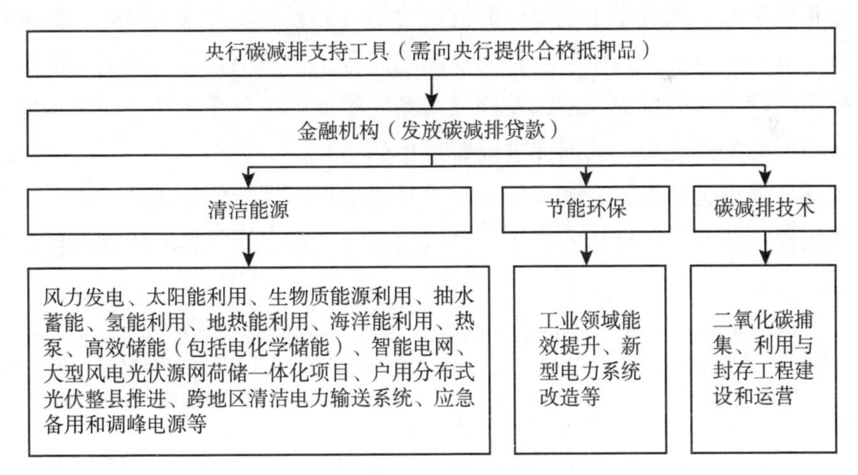

图7－2　碳减排支持工具支持领域

持续的资金支持。目前碳减排支持工具仅涉及具有显著碳减排效应的重点领域，未来将有可能拓展至钢铁、建材等高耗能行业的节能减排，低耗能、低碳及碳汇产品的研发生产与植被恢复等领域。碳减排金融支持领域范围突出“小而精”，重点支持正处于发展起步阶段，但促进碳减排效应的空间很大，给予一定的金融支持可以带来显著碳减排效应的行业。需要注意的是，该类“小而精”项目风险尚不明晰，短期内金融机构的信贷投放可能会相对较为谨慎。

（四）碳减排支持工具的再贷款发放对象及信息披露制度

碳减排支持工具的再贷款发放对象暂定为全国性金融机构，即3家政策性银行、6家国有银行与12家全国性股份制银行。[①] 选择全国性金融机构可能出于以下考虑。一是该类金融机构规模相对较大，营业网点覆盖的地域范围较广，业务所涉及的行业领域较广，能较好地覆盖三大重点行业，对该类行业信贷业务较为熟悉。2021年6月末，全国性金融机构存量信贷占全国信贷余额的比重超过90%，[②] 依靠这些全国性金融机构，碳减排支持工具可以覆盖绝大部分碳减排领域的信贷需求。二是对公业务操作与授信审批制度较为成熟，内部管理较为规范，有较强的碳减排项目甄别能力与风险管控能力。三是不同于中小银行业务结构单一，全国性银行业务结构多元，盈利能力较强，中间业务收入比重相对较大，能够承担碳减排支持工具与一般贷款相比略低的净息差。

长期来看，随着中小型银行的抗风险能力与盈利能力逐步提升、碳减排支持工具的项目审查机制与监管体系渐趋完善，中小型银行可能也会被纳入碳减排支持工具的发放范围，发挥其市场灵敏度与服务效率高、深耕本地与服务当地的特殊优势，共同促进双碳目标的实现。

政策强调金融机构对碳减排支持工具的项目审批与信息披露工作，由中国人民银行核实信息披露的真实性，以确保碳减排支持工具的政策效果。根

---

① 3家政策性银行：国家开发银行、中国进出口银行、中国农业发展银行；6家国有银行：中国工商银行、中国建设银行、中国农业银行、中国银行、交通银行、中国邮政储蓄银行；12家全国性股份制银行：中信银行、光大银行、招商银行、浦发银行、民生银行、华夏银行、平安银行、兴业银行、广发银行、渤海银行、浙商银行、恒丰银行。

② 中国人民银行．金融机构信贷收支统计［EB/OL］. http：//www. pbc. gov. cn/diaochatongjisi/116219/116319/4184109/4184113/index. html.

据碳减排支持工具的相关规定可以看出，一方面，金融机构需要考察碳减排项目的可行性报告、环评报告或专业评估报告，针对性审查项目的碳排放量、贷款占总投资的比例等相关数据，计算贷款的年度碳排放量，强化其对贷款项目碳减排效果的重视程度。另一方面，金融机构需按季度向社会披露发放贷款所支持的碳减排具体领域、项目数量、贷款金额、加权平均利率、碳减排数据等信息，并接受公众监督与中央银行核实审查，避免金融机构的违规操作。

2021 年 5 月，中国人民银行出台了银行业金融机构绿色金融评价方案①，24 家主要银行被纳入参评范围，囊括了绿色贷款、绿色债券业务。除 3 家地方性银行之外，其余 21 家银行均在碳减排支持工具发放对象范围内。所获得的碳减排支持工具相关贷款指标也会被纳入中国人民银行宏观审慎政策框架内，参与金融机构评级。该方案能够对碳减排支持工具的实施效果产生有效的制度约束。随着未来碳减排支持工具的信贷项目数量增加，银行放贷审查、中国人民银行监管及信息披露制度会渐趋完善，绿色金融理念在金融机构中将得以贯彻，绿色金融支持实体经济的碳减排效应会更加明显。

（五）碳减排支持工具实施近况

2022 年初，国有大行陆续披露获得央行首批碳减排支持工具资金情况。近日，据媒体报道，中国农业银行获得央行首批碳减排支持工具资金 113.68 亿元②，国家开发银行获得资金 102.67 亿元③，两家银行所获专项资金均已下发至碳减排领域项目。上述两笔专项资金都属于央行向全国金融机构发放的首批碳减排支持工具资金的一部分。早在 2021 年 12 月 30 日，在央行举行的“小微企业金融服务和绿色金融”新闻发布会上，央行货币政策司司长孙国峰就曾透露，央行向有关金融机构发放第一批碳减排支持工具资金 855 亿元，支持金融机构已发放符合要求的碳减排贷款 1 425 亿元，共

---

① 中国人民银行关于印发《银行业金融机构绿色金融评价方案》的通知［EB/OL］. http：//www. gov. cn/zhengce/zhengceku/2021 - 06/11/content_5616962. htm，2021 - 05 - 27.

② 中国农业银行获人民银行首批碳减排支持工具资金 113. 68 亿元［EB/OL］. https：//baijiahao. baidu. com/s？ id = 1722381842632026159&wfr = spider&for = pc，2022 - 01 - 19.

③ 国家开发银行获首批 102. 67 亿元碳减排支持工具资金［EB/OL］. https：//baijiahao. baidu. com/s？ id = 1722540185201422606&wfr = spider&for = pc，2022 - 01 - 21.

2 817 家企业，带动减少排碳约 2 876 万吨。[①]

（六）碳减排支持工具的展望

碳减排支持工具是绿色金融支持的首个货币政策工具，具有较强的战略导向与政策示范效应。以往的结构性货币政策工具，如支农、支小再贷款与再贴现、普惠小微企业信用贷款支持计划、信贷增长缓慢省份的再贷款、扶贫再贷款与再贴现、以小微与民营企业为投放对象的定向中期借贷便利，更加注重对中小微企业、“三农”、科技创新等薄弱领域或发展缓慢区域的金融支持。碳减排支持工具则是国家双碳目标下的战略导向型货币政策工具，涉及的领域有处于发展起步阶段的清洁能源产业，有传统工业、电力行业的节能环保领域，将来还会涉及煤炭等传统能源领域与钢铁等高耗能制造业领域，金融支持下的碳减排技术发展成果也将应用到整个经济活动中。

碳减排支持工具所产生的实际政策效果，将不仅仅在于推动清洁能源等领域的信贷与投资增长，还会间接推动制造业投资、基建投资、消费等需求侧与电力设备、原材料供应链等供给侧的发展。碳减排支持工具的信息披露等相关制度安排，不仅能发挥信贷政策的结构引导作用，还能够提高金融机构、企业及社会公众对绿色经济转型的关注度与重视程度，转变传统发展思路，倡导绿色发展理念，带动社会资金更多投向绿色低碳领域，共同助力碳达峰、碳中和中长期发展目标的实现。

未来几十年，绿色低碳转型将嵌入我国所有经济活动的内核，需要不断完善绿色低碳政策框架这一顶层设计，绿色金融支持政策包括但将不限于碳减排支持工具。碳减排支持工具是我国绿色低碳政策框架下的一次探索，其实施的效果、风险及经验将会灵活运用于完善其他货币政策工具或其他宏观政策。传统的再贷款与再贴现、定向中期借贷便利、利率政策等都可以成为绿色金融支持的有效工具，与碳减排支持工具配合使用。包括绿色债券标准在内的绿色金融标准体系、包括碳排放权在内的绿色金融产品与市场体系、激励约束机制等制度建设都将是今后政策的重要关注点。

---

① 央行已发放第一批碳减排支持工具资金 855 亿元［EB/OL］. https：//www. chinanews. com. cn/cj/2021/12－31/9641423. shtml，2021－12－31.

在未来碳减排融资需求不断扩大而中央银行资产负债表增速与银行信贷能力均受约束的情况下，碳减排领域的直接融资渠道将进一步拓宽，更多的直接融资方式将会在碳减排金融领域得到应用，相应的融资规模也会持续扩大。金融机构对碳减排领域的信贷投放及其风险管控能力也将可能纳入宏观审慎监管框架之内。未来也有可能对具有显著碳减排效应的行业或优质企业实施税收减免、延期缴税、免征关税、财政补贴、专项债投资等财政鼓励措施。

四、国际银行业的气候与环境信息披露经验

（一）国际气候和环境信息披露相关政策制度

1. 针对金融部门的科学碳目标倡议（SBTi）

以投资回报率最大化为经验原则的金融机构，面对全球气候变化时，其经营原则也在发生着变化。金融机构越来越意识到气候风险的程度以及对于整个经济发展的影响，但是金融机构又不同于其他经济部门，不能直接控制碳排放的数量，而是通过其投资和贷款业务间接影响着气候变化。

科学碳目标倡议（The Science Based Targets initiative，SBTi）作为一项国际倡议，是由全球环境信息研究中心（CDP）、世界资源研究所（WRI）、世界自然基金会（WWF）和联合国全球契约组织（UNGC）合作发起的，其目的是使公司能够制定科学的减排目标，推动全球的气候行动。①

SBTi 基于运营和资产两个方面设定金融机构的减排目标。首先，在金融机构运营层面，其碳排放主要来自其自有设备化石燃料的燃烧（范围 1）和外购的电力、热力（范围 2）等。② SBTi 针对金融机构运营层面减排目标的设定方法有以下 3 种：

第一，绝对收缩法（absolute contract）：假定所有金融机构按相同速率减少绝对排放量，不考虑初始排放，有两种可以选择的目标：在低于 2℃的

① SBTi 官网介绍［EB/OL］. https：//sciencebasedtargets. org/about-us。

② Financial Sector Science-based Targets Guidancf（Pilot Version）［EB/OL］. https：//sciencebased-targets. org/resources/files/Financial – Sector – Science – Based – Targets – Guidance – Pilot – Version. pdf, 2022 – 08.

温控目标下，每年线性减排速率至少为2.5%；在低于1.5℃的温控目标下，每年线性减排速率不应低于4.2%。这种方法需要的数据相对较少，而且可以进行目标选择，灵活性较大。

第二，物理强度法（physical intensity）：使用SBTi行业减排法[①]中小于2℃温控目标情景下的“服务/商业建筑法”模拟计算得出物理强度指标。换算为绝对减排量时，物理强度指标不得低于绝对收缩法中的目标要求。

第三，经济强度法（economic intensity）：该方法的目标表示为单位增加值的碳排放量，同样要求换算为绝对减排量时，不得低于绝对收缩法中的目标要求。由于金融机构的营收增长与运营层面碳排放并没有强关联性，例如银行的存贷款差收入并不会造成碳排放增长，经济强度法适用性最低。

其次，金融机构资产层面，其碳排放则来自其投融资活动所支持的实体经济企业，主要指实体经济企业范围1（来自企业拥有和控制的资源的直接排放）和范围2（由企业购买的能源产生的间接排放）排放，一般不包括范围3（价值链中发生的所有间接排放）排放。当实体经济企业范围3排放超过其总排放量的40%时，范围3排放需要一并纳入。在金融机构的投资和贷款领域，基于资产类别的方法设定目标[②]，将金融机构的业务领域与气候变化联系起来，主要有以下3种方法：

第一，行业减排方法（Sectoral Decarbonization Approach，SDA）：参照碳核算金融合作伙伴关系（PCAF）发布的《金融行业温室气体核算和披露全球性标准》[③]计算出每种投资组合的碳强度，然后基于国际能源署（IEA）预测的2050年全球各行业脱碳路径，测算出对应行业的投资组合减排目标。该方法适用于所有的投资资产组合。

第二，SBTi投资组合覆盖方法（SBTi Portfolio Coverage Approach）：金融机构需要推动借款企业或被投企业设定经过SBTi认证的科学碳目标，以

---

① 行业减排法是资产层面的方法之一，绝对收缩法是运营层面的减排目标设定方法，两者不相同。

② Financial Sector Science-basei Targets Guidance (Pilot Version) [EB/OL]. https://sciencebased-targets.org/resources/files/Financial - Sector - Science - Based - Targets - Guidance - Pilot - Version.pdf, 2022 - 08.

③ 金融行业温室气体核算和披露全球性标准 [EB/OL]. https://carbonaccountingfinancials.org/zh/standard, 2020 - 11 - 18.

实现 2040 年 SBTi 能够 100% 覆盖所有借款企业或被投企业的目标。

第三，温度评级方法（The Temperature Rating Approach）：由 CDP 和 WWF 开发，基于 CDP 企业数据库，金融机构可以使用这种方法来确定其投资组合的当前温度评级，并采取行动，通过与所投资公司合作设定气候目标，使其投资组合与长期气候目标保持一致。

行业减排方法适用于所有的投资资产组合，投资组合覆盖方法和温度评级方法只适用于公司层面的资产组合。当某种投资组合有 2 ~3 种适用方法时，SBTi 建议同时使用。同时，SBTi 给出了不同资产类型适用的方法，如表7 -16所示。

表 7 -16　　　　SBTi 金融机构投资组合的减排目标设定方法

资产种类	方法	说明	减排目标举例
房地产	行业减排方法	非住宅建筑的温室气体排放强度和总量设定以排放为基础的物理强度目标	某金融机构承诺到目标年将其房地产投资组合的每平方米温室气体排放量从基准年减少 x%
住房抵押贷款	行业减排方法	住宅建筑的温室气体排放强度和总量设定以排放为基础的物理强度目标	某金融机构承诺到目标年将其住房抵押贷款投资组合的每平方米温室气体排放量从基准年减少 x%
电力项目融资	行业减排方法	电力项目的温室气体排放强度和总量设定以排放为基础的物理强度目标	某金融机构承诺到目标年将其电力项目资产组合温室气体排放量从基准年减少 x%
企业融资（股权、债券、贷款）	行业减排方法	电力、水泥、纸浆和造纸、运输、钢铁和建筑行业设定以排放为基础的物理强度目标	某金融机构承诺到目标年，在其企业贷款投资组合中，每吨水泥的温室气体排放量从基准年减少 x%
	SBTi 投资组合覆盖方法	金融机构承诺让一部分的被投资方设定 SBTi 批准的科学目标，以线性路径（一致的排放或货币计算）在 2040 年实现投资组合 100% 覆盖	某金融机构承诺其 x% 的股权投资组合截止到目标年将有 SBTi 批准的科学目标
	温度评级方法	金融机构先确定投资组合的温度评分，在与被投资方合作制定减排目标，使其投资组合与长期目标保持一致	某金融机构将其投资组合温度评分从基准年的 x 调整到目标年的 y

资料来源：Financial Sector Science Based Targets Guidance（Pilot Version）[EB/OL]. 2022：51，https：//sciencebasedtargets. org/resources/files/Financial - Sector - Science - Based - Targets - Guidance - Pilot - Version. pdf，2022 -08.

另外，SBTi 无法识别金融机构影响实体经济碳减排的原因，为保证金融机构目标的实现，SBTi 要求金融机构将为实现目标所采取的行动和战略以及目标的进展情况进行年度披露。同时披露报告有助于确定金融机构的哪些行动和战略能够真正有效地实现碳减排。SBTi 也给出相应建议：首先，让公司、服务提供商等利益相关者参与到气候行动中；其次，主动公开披露金融机构减少碳排放的策略；最后，将气候变化纳入金融机构的经营管理和决策中。

截至 2021 年 11 月底，中国暂无金融机构加入 SBTi 中。这一方面是因为 SBTi 的金融板块公布时间较短；另一方面也可能是因为认定所需的数据涉及多方面，而且认定条件复杂而严格。

2. TCFD 建议披露内容

目前国际社会越来越关注气候变化带来的相关风险，一些国家、地区的部门组织等已经做出了低碳或零碳的公共承诺，因此在这种形势下，金融部门如何应对气候风险是亟待解决的问题。TCFD 是金融稳定委员会（FSB）成立的一个以评估和定价气候相关风险为目标的工作组织，负责制定与气候相关的自愿财务披露内容，帮助投资者、贷款人以及保险承包人了解重大风险，做出知情的经济决策。

TCFD 主要围绕四个主题提出了气候相关财务披露的建议，包括治理（governance）、策略（strategy）、风险管理（risk management）以及指标和目标（metrics and targets），如表 7－17 所示。这四个领域也代表了 TCFD 运作的核心要素，帮助投资者了解如何评估气候风险，并且为一些组织进行气候相关的财务披露提供了指导。

表 7－17　　气候相关财务披露建议的四大因素

治理（governance）	策略（strategy）	风险管理（risk management）	指标和目标（metrics and targets）
围绕气候相关风险和机遇进行管理	气候相关风险和机遇对组织业务、战略和财务规划的实际与潜在影响	用于识别、评估和管理气候相关风险的程序	用于评估和管理相关气候风险与机遇的指标和目标

资料来源：Recommendations of the Task Force on Climate－related Financial Disclosures［EB/OL］. 2017：14，https：//assets. bbhub. io/company/sites/60/2021/10/FINAL－2017－TCFD－Report. pdf，2017－07－15.

截至 2021 年 10 月 6 日，TCFD 在全球已获得 2600 家企业的支持，其中包括 1069 家金融机构，管理着 194 万亿美元的资产。[①] 图 7－3 展示了 2018 年、2019 年、2020 年全球八个行业的披露结果。图中表示，银行的披露情况在八大行业中位于第五位，处于中间位置。而且 2018 年银行业的披露率为 15%，2020 年银行业的披露率为 28%，呈现出逐年增加的趋势。

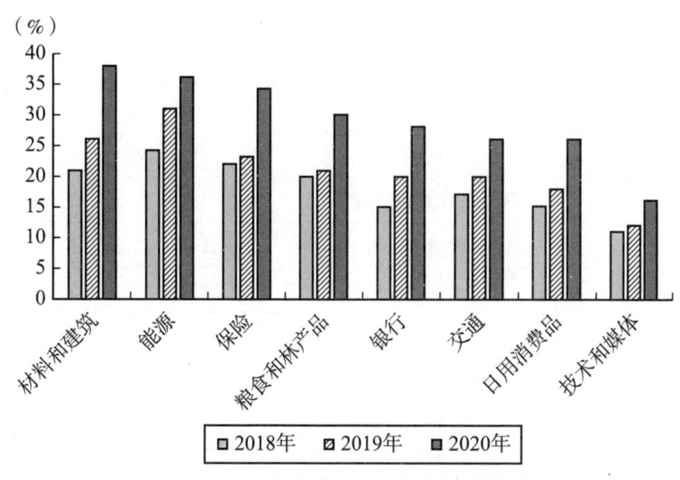

图 7－3　全球八大行业建议披露占比

资料来源：Task Force on Climate－related Financial Disclosures 2021 Status Report [R]. 2021：32，https：//www. fsb. org/wp－content/uploads/P141021－1. pdf，2021－09－15.

表 7－18 给出了银行业 2018 年、2019 年、2020 年四大推荐披露领域 11 个项目的实际披露占比。在四大披露建议领域细分的 11 个具体项目中，银行业有 7 项低于所调查的平均值，只有度量和目标领域下的三个具体项目以及策略领域下的战略的韧性（resilience of strategy）四个项目高于平均值。另外，11 项的披露率在 2018～2019 年均呈现出逐年增加的趋势，尤其是风险和机遇（risks and opportunities）的披露率增长了 20%，纳入全面风险管理的融合（integration into overall risk management）增长了 19%，风险管理流程（risk management processes）增长了 18%。由此表明，银行业越来越重

① Task Force on Climate － related Financial Disclosures 2021 Status Report [R]. https：//www. fsb. org/wp－content/uploads/P141021－1. pdf，2021－09－15.

视气候风险的信息披露。

表 7-18　　　　银行业建议披露项目的披露率

推荐披露领域	具体项目	2018 年（%）	2019 年（%）	2020 年（%）
治理	董事会监督	6	14	22
	管理层的角色	9	10	17
策略	风险与机遇	25	33	45
	对组织的影响	20	26	35
	战略韧性	5	8	15
风险管理	风险标识和评估过程	18	22	33
	风险管理过程	14	19	32
	纳入全面风险管理	10	17	29
指标和目标	气候相关指标	23	32	35
	范围 1、范围 2、范围 3 温室气体排放	21	25	27
	与气候相关的目标	15	15	22

资料来源：Task Force on Climate - related Financial Disclosures 2021 Status Report [R]. 2021：84，https：//www. fsb. org/wp - content/uploads/P141021 - 1. pdf，2021 - 09 - 15.

截止到 2021 年 11 月，支持 TCFD 的中国银行有七家，分别是中国农业银行股份有限公司、中国银行股份有限公司、交通银行股份有限公司、中国建设银行股份有限公司、华夏银行股份有限公司、中国工商银行股份有限公司、中国邮政储蓄银行股份有限公司。①

3. CDP 问卷

CDP 拥有全球最大、最全面的环境数据，通过数据搜集和分析，为投资者、企业、城市以及国家和地区政府的决策提供支持，促进经济向有益于人类社会和地球的方向繁荣发展。每年众多地区和数千家企业通过 CDP 平台披露环境绩效，以衡量和管理其在气候变化、水安全和森林砍伐方面的风险和机遇。CDP 依据这些信息对披露主体进行评级，推动其实现环境领

① 资料来源：TCFD 官网查询，https：//www. fsb - tcfd. org/supporters/。

导力。

CDP的目标是推进企业环境披露的主流化，通过数据提供见解和分析，解析建构一个气候安全、水资源安全、无森林砍伐的世界所需采取的企业行动。在这一愿景下，CDP制定了分为三个主题的企业调查问卷：气候变化、水安全和森林。通过完成这些调查问卷，填报企业可以识别出管理环境风险和机会的方法，并通过研究、行业洞见以及金融产品和服务向客户和投资者以及市场提供必要的信息。

表7－19是中国企业整体和银行受投资者邀约进行CDP问卷的回答情况。投资者在协助企业减轻环境风险和推动低碳转型方面能够发挥自身特有的驱动力，CDP一直致力于汇聚资产所有者、资产管理者、银行和保险公司的号召，来邀请企业披露环境信息并采取行动。中国企业CDP问卷回答率近几年来持续增加，2020年共有来自12个行业65家总部位于中国的上市企业回复问卷。其中气候变化问卷是三大主题问卷中回复数量最多、总量增长最快的问卷类型。2018～2020年投资者分别邀请17家、22家、23家中国银行回复CDP问卷，一直有四家银行对气候变化问卷进行持续回复，分别是交通银行、中信银行、中国建设银行、中国邮政储蓄银行股份有限公司。在2020年的CDP评分中，四家银行均为D-(最低等级)。

表7－19　　　　中国企业CDP问卷回答情况

		CDP2020	CDP2019	CDP2018
企业数	回答数（家）	65	48	29
	回复率（%）	10.38	10.17	9
问卷类型	气候（家）	62	42	29
	水（家）	14	11	9
	森林（家）	13	11	4
其中	银行（家）	4	4	4

资料来源：CDP 2020年中国上市企业报告［R］. https：//cdn. cdp. net/cdp－production/cms/reports/documents/000/005/807/original/应对环境信息披露趋势__加速企业低碳转型 . pdf，2021－06.

（二）国际银行业环境信息披露的经验

1. 英格兰银行

2020 年，英国通过立法强制执行 TCFD 信息披露，成为世界上第一个强制执行气候信息披露的国家。2020 年 6 月，英格兰银行发布了气候相关财务信息披露报告，其报告按照 TCFD 框架的四个主题进行了披露。一是治理方面，对董事会下设委员会进行了职能分配，指定了气候风险制定发起人，负责提出可能存在的气候风险和制定相关策略，并监督落实。二是策略方面，在 2020 年 1 月将气候变化列为发展重点策略之一，衡量气候变化带来的金融风险，提高气候信息披露质量。三是风险管理方面，评估了自身物理活动和财务活动给气候变化带来的金融风险，从碳足迹、转型风险和物理风险三个方面对资产开展分析。四是在指标和目标方面，在披露的报告中使用一系列来自交易和物理风险的碳足迹的评估指标，披露了在 2015 ~ 2020 年期间将物理活动产生的碳足迹降低 20% 的目标。

2. 花旗银行

花旗银行的环境信息通过专门的 TCFD 报告及环境、社会和治理报告（ESG）进行披露。综合花旗银行发布的 2020 年 TCFD 报告以及 ESG 报告，主要包括五点：一是机构和人员设置。将气候因素纳入管理层的优先事项，任命气候风险主管人员，成立跨职能气候风险部门，将气候相关目标纳入高管绩效考核。二是制定气候战略。制定了可实现的中期和长期气候战略，并将低碳转型、气候风险、可持续运营作为战略的三大支柱。三是情景分析。对石油及天然气勘探和生产、房地产、农业以及自身运营设备进行了情景分析，评估与气候相关的风险。四是实现的目标和指标。承诺未来五年为全球提供 2500 亿美元的环境融资，到 2030 年实现自身运营零排放。五是将情景分析结果运用到风险管理中。明确了信用风险、流动性风险等七类常规风险与气候风险的相互作用，并结合情景分析结果制定行内气候风险管理政策和流程。

参考文献

[1] 薄凡，庄贵阳，禹湘，陈湘艳．气候变化经济学学科建设及全球气候治理——首届气候变化经济学学术研讨会综述［J］．经济研究，2017，52（10）：200－203.

[2] 薄凡，庄贵阳，禹湘．气候变化经济学研究前沿与教材体系建设——第二届气候变化经济学学术研讨会综述［J］．经济研究，2018，53（11）：204－207.

[3] 曹斯蔚．全球公共物品视角的中国碳税设计研究［J］．河北金融，2021（10）：9－14.

[4] 常驻联合国代表团发展处．习近平在第七十五届联合国大会一般性辩论上的讲话［EB/OL］. http：//undg. mofcom. gov. cn/article/sqfb/202012/20201203020929. shtml，2020－12－08.

[5] 陈淡泞．中国上市公司绿色债券发行的股价效应［J］．山西财经大学学报，2018，40（S2）：35－38.

[6] 陈国进，郭珺莹，赵向琴．气候金融研究进展［J］．经济学动态，2021（8）：131－145.

[7] 陈雨露：绿色金融"三大功能""五大支柱"助力碳达峰碳中和［EB/OL］．人民网，http：//finance. people. com. cn/n1/2021/0307/c1004－32044837. html，2020－03－07

[8] 持续关注气候变化风险　银华基金成为 TCFD 支持机构［EB/OL］．凤凰网，https：//finance. ifeng. com/c/8BmGwXKI9M7，2021－12－08.

[9] CDP 全球环境信息研究中心．CDP2020 年中国上市企业报告［EB/OL］. https：//cdn. cdp. net/cdp－production/cms/reports/documents/000/005/807/original/应对环境信息披露趋势__加速企业低碳转型. pdf，2021－06.

[10] 丹麦能源署．丹麦能源政策［EB/OL］. https：//ens. dk/sites/ens.

dk/files/EnergiKlimapolitik/aftale_22 - 03 - 2012_final_ren. doc. pdf, 2012 - 03 - 22.

[11] 德国：新政府计划到2030年将可再生能源发电比例从当前设定的65%提高到80% [EB/OL]. 凤凰网，https: //i. ifeng. com/c/8C0Hwd7TBTc, 2021 - 12 - 15.

[12] 气候资金的媒介 [C]. 2012中国气候融资报告：气候资金流研究，2012: 28 - 60.

[13] 电力行业碳排放配额分配研究 [EB/OL]. 中国碳交易网，http: //www. tanjiaoyi. com/article - 26331 - 1. html, 2022 - 08 - 21.

[14] 董善宁，刘爽，王磊，夏奕天. 商业银行碳金融发展与展望 [J]. 金融纵横，2021 (10): 57 - 62.

[15] 窦晓铭，庄贵阳. 碳中和目标下碳定价政策：内涵、效应与中国应对 [J]. 企业经济，2021, 40 (8): 17 - 24.

[16] 杜祥琬院士："碳中和"目标将带来能源行业新增长点 [EB/OL]. 一财网，https: //www. yicai. com/news/100871804. html, 2020 - 12 - 10.

[17] 发改委：我国已正式启动全国碳排放交易体系 [EB/OL]. 人民网，http: //finance. people. com. cn/n1/2017/1219/c1004 - 29716952. html #: ~: text, 2017 - 12 - 19.

[18] 个人碳账户信贷落地衢州 [EB/OL]. 中国银行保险报，http: //xw. cbimc. cn/2021 - 08/27/content_407692. htm, 2021 - 08 - 27.

[19] 工业和信息化部，财政部，商务部，国务院国有资产监督管理委员会，国家市场监督管理总局. 加快电力装备绿色低碳创新发展行动计划 [EB/OL]. http: //www. gov. cn/zhengce/zhengceku/2022 - 08/29/content_5707333. htm, 2022 - 08 - 24.

[20] 工业和信息化部，国家发展改革委，生态环境部. 工业领域碳达峰实施方案 [EB/OL]. http: //www. gov. cn/zhengce/zhengceku/2022 - 08/01/content_5703910. htm, 2022 - 07 - 07.

[21] 共创碳普惠 绿色向未来 业内首家！"中信碳账户"内测版上线 [EB/OL]. 深圳新闻网，https: //www. sznews. com/news/content/2022 - 03/10/content_24984857. htm, 2022 - 03 - 10.

［22］关于发布《碳排放权登记管理规则（试行）》《碳排放权交易管理规则（试行）》和《碳排放权结算管理规则（试行）》的公告［J］. 纸和造纸，2021，40（4）：56.

［23］关于环境产业的市场规模和就业规模的报告书［R］. 日本环境省官网，https：//www. env. go. jp/press/files/jp/114308. pdf，2020 –03.

［24］关于完整准确全面贯彻新发展理念做好碳达峰碳中和工作的意见［R］. 中共中央国务院，2021.

［25］郭沛源，伍佳玲 . 联合国负责任银行原则的启示［J］. 中国金融，2021（17）：50 –51.

［26］国家发展改革委，工业和信息化部，生态环境部，市场监管总局，能源局 . 石化化工重点行业严格能效约束推动节能降碳行动方案（2021 ~ 2025 年）［EB/OL］. http：//www. gov. cn/zhengce/zhengceku/2021 –10/22/5644224/files/2b8106ab9f3b40b9b6898ab031db9a6e. pdf，2021 –10 –18.

［27］国家发展改革委，工业和信息化部，生态环境部，市场监管总局，能源局 . 冶金、建材重点行业严格能效约束推动节能降碳行动方案（2021 ~2025 年）［EB/OL］. http：//www. gov. cn/zhengce/zhengceku/2021 –10/22/5644224/files/d95c2c675afb42bbab2dc3bfb72c4986. pdf，2021 – 10 – 18.

［28］国家发展改革委办公厅 . 国家发展改革委办公厅关于开展碳排放权交易试点工作的通知［EB/OL］. https：//zfxxgk. ndrc. gov. cn/web/item-info. jsp？ id =1349，2011 –10 –29.

［29］国家开发银行 . 国家开发银行获首批 102. 67 亿元碳减排支持工具资金［EB/OL］. http：//www. cdb. com. cn/xwzx/khdt/202201/t20220113_9530. html，2022 –01 –21.

［30］国家碳市场路线图：2017 年启动全国碳交易试点，2020 年进入碳交易实施阶段［EB/OL］. 中国碳交易网，http：//www. tanjiaoyi. com/article –22540 –1. html，2017 –09 –25.

［31］国内首批可持续发展挂钩债券发行［EB/OL］. 中国债券信息网，https：//www. chinabond. com. cn/cb/cn/xwgg/zsxw/zqsc/zqsc/20210511/157216076. shtml，2021 –5 –11.

[32] 国外商业银行提供哪些低碳咨询业务？[EB/OL]. 易碳家期刊，http://m.tanpaifang.com/article/41386.html，2015-01-02.

[33] 国务院. 国务院关于印发2030年前碳达峰行动方案的通知[EB/OL]. http://www.gov.cn/zhengce/content/2021-10/26/content_5644984.htm，2021-10-24.

[34] 国务院国有资产监督管理委员会科技创新局. 关于印发《关于推进中央企业高质量发展做好碳达峰碳中和工作的指导意见》的通知[EB/OL]. http://www.sasac.gov.cn/n2588035/c22499825/content.html，2021-12-30.

[35] 海南省绿色金融研究院. 绿色债券系列海外篇：全球绿色债券发展概况、未来趋势[EB/OL]. https://mp.weixin.qq.com/s/hBAERH-5E3gFQxIVnNovug，2021-02-05.

[36] 韩博. 碳税与碳交易：中国减排制度的选择与设计[D]. 上海社会科学院，2017.

[37] 韩正主持碳达峰碳中和工作领导小组第一次全体会议并讲[EB/OL]. 中国政府网，http://www.gov.cn/guowuyuan/2021-05/27/content_5613268.htm，2021-05-27.

[38] 何晓建，陈双杰，周远，穆怡雯，杨琳. 日本银行业应对气候风险的实践和启示[J]. 现代金融导刊，2021（11）：36-40.

[39] 黑客盗3亿排放额 欧盟碳交易停一周[EB/OL]. 中国新闻网，https://www.chinanews.com.cn/cj/2011/01-21/2803233.shtml，2011-01-21.

[40] 湖北碳排放权交易中心. 湖北碳排放交易量和交易额均占全国一半 是最活跃碳市场[EB/OL]. https://www.hubei.gov.cn/hbfb/rdgz/202107/t20210716_3648415.shtml，2021-07-16.

[41] 湖州市市场监督管理局. 绿色建筑项目贷款管理规范[EB/OL] http://scjgj.huzhou.gov.cn/art/2021/4/1/art_1229209823_58924848.html，2021-04-01.

[42] 环境产业市场规模研讨会. 世界绿色债券发行额的推移[R]. 日本环境部，2021，http://greenbondplatform.env.go.jp/policies-data/current.html.

[43] 建行发行100亿元可持续结构绿色金融债券[EB/OL]. 中国债券信息网，https：//www. chinabond. com. cn/cb/cn/xwgg/zsxw/zqsc/jrz/20220530/160366402. shtml，2022-5-30.

[44] 蒋非凡，范龙振. 绿色溢价还是绿色折价？——基于中国绿色债券信用利差的研究[J]. 管理现代化，2020，40（4）：11-15.

[45] 解读澳大利亚碳交易配额的分配方法[EB/OL]. 中国碳交易网，http：//www. tanpaifang. com/tanzhibiao/201408/0436180. html，2014-08-04.

[46] 解读韩国碳交易市场运营机制政策[EB/OL]. 中国碳交易网，http：//www. tanjiaoyi. com/article-6251-1. html，2015-01-06.

[47] 界面新闻. SBTi联合创始人Alberto：金融机构范围三排放管理挑战较大[EB/OL]. https：//www. jiemian. com/article/6837158. html，2021-11-22.

[48] 金佳宇，韩立岩. 国际绿色债券的发展趋势与风险特征[J]. 国际金融研究，2016（11）：36-44. DOI：10. 16475/j. cnki. 1006-1029. 2016. 11. 004.

[49] 金融調査研究会報告. 脱炭素社会に向けたカーボンプライシングの役割と論点：リスクと機会[EB/OL]. https：//www. zenginkyo. or. jp/fileadmin/res/abstract/affiliate/kintyo/kintyo_2020_1_6. pdf，2020-01-06.

[50] 九江银行签署联合国《负责任银行原则（PRB）》[EB/OL]. 中国金融信息网，https：//www. cnfin. com/bank-xh08/a/20200516/1937267. shtml，2020-05-16.

[51] 决胜全面建成小康社会 夺取新时代中国特色社会主义伟大胜利——在中国共产党第十九次全国代表大会上的报告[EB/OL]. 人民网，http：//politics. people. com. cn/n1/2017/1028/c1001-29613514. html，2017-10-28.

[52] 雷曜. 金融支持绿色低碳发展的政策思考[J]. 华北金融，2021（09）：1-4.

[53] 李丹萍，徐晓东，刘辰熙. 国内外碳交易市场理论与发展实践综述[J]. 甘肃金融，2021（9）：14-18.

[54] 联合国环境规划署. 联合国启动净零金融联盟 [EB/OL]. https://www.unepfi.org/news/industries/banking/worlds-bankingsector-sets-22-september-as-launch-date-for-highly-anticipated-principles-for-responsible-banking/, 2021-04-30.

[55] 刘桂平:"科学监测评估气候风险对金融体系的影响"[EB/OL]. 东方财富网, https://finance.eastmoney.com/a/202202182281655217.html, 2022-2-18.

[56] 鲁政委. 国际绿色消费贷的主要产品有哪些? [J]. 北大金融评论, 2020 (1).

[57] 绿色能源:打造中国绿色能源新篇章 [EB/OL]. 中金研究院网站, https://cgi.cicc.com/article7, 2021-03-22.

[58] 马鞍山农商行绿色转型阶段性手册 [EB/OL]. https://flbook.com.cn/v/3Xs1RdsGfW, 2018-05-04.

[59] 民航局. "十四五"民航绿色发展专项规划 [EB/OL]. http://www.gov.cn/zhengce/zhengceku/2022-01/28/content_5670938.htm, 2021-12-21.

[60] 民间机构参与气候治理故事 [N]. 中国日报, https://cn.chinadaily.com.cn/a/201912/14/WS5df465e9a31099ab995f1864.html, 2019-12-14.

[61] 能源基金会. 中国民间应对气候变化行动故事 [EB/OL] https://www.efchina.org/Attachments/Report/report-comms-20210717/中国民间应对气候变化行动故事集-腾冲故事.pdf, 2017-07-17.

[62] 钮松, 王九思. 全球气候变化治理组织与中国在气候治理中的角色 [J]. 中国软科学, 2013 (5): 10-17.

[63] 农行签署联合国《负责任银行原则》[EB/OL]. 中国银行保险报, http://xw.cbimc.cn/2021-10/20/content_412991.htm, 2021-10-20.

[64] 欧盟碳交易市场经验教训与中国碳市场发展路径 [EB/OL]. 中国碳交易网, http://www.tanjiaoyi.com/article-25209-1.html, 2018-11-30.

[65] 欧盟碳市场经历了四个阶段 [EB/OL]. 中国碳交易网，http：//www. tanpaifang. com/tanjiaoyi/2022/0220/82768. html，2022 - 02 - 20.

[66] 欧美碳排放权交易市场对我国的借鉴意义 [EB/OL]. 国际金融报，https：//www. ifnews. com/news. html? aid = 174721，2021 - 07 - 16.

[67] OECD 税务政策分析（Tax Policy Analysis）数据库 [EB/OL]. https：//www. oecd. org/tax/tax-policy/，2021 - 11 - 01.

[68] 平安证券. 金融“碳”索系列报告（二）中国碳市场的金融化之路：星星之火，唯待东风 [EB/OL]. https：//pdf. dfcfw. com/pdf/H3_AP202203041550497683_1. pdf? 1646390942000. pdf，2022 - 03 - 04.

[69] 气候变化意识调查 [EB/OL]. 绿色和平组织官网，https：//www. greenpeace. org/static/planet4 - japan-stateless/2019/09/18e8777a-climate-poll. pdf，2019 - 09 - 18.

[70] 气候观察（Climate Watch），世界资源研究所（World Resources Institute）[EB/OL]. https：//www. climatewatchdata. org/ghg-emissions? gases = co2&source = CAIT，2022.

[71] 清水啓典. 気候変動とエネルギー革命一国際的公共財の経済分析，日本全国銀行協会令和 2 年度金融調査研究会報告書 [R]. 2022 - 3 - 31.

[72] 全国碳排放权交易上线在即 浅谈配额分配及履约方式 [EB/OL]. 北极星大气网，https：//huanbao. bjx. com. cn/news/20210713/1163614. shtml，2021 - 07 - 13.

[73] 全国碳排放权交易市场将启动上线交易 选择发电行业为突破口 [EB/OL]. 人民日报，http：//finance. people. com. cn/n1/2021/0716/c1004 - 32159591. html，2021 - 07 - 16.

[74] 全球价值银行联盟 [EB/OL]. https：//www. gabv. org，2021 - 05.

[75] 日本环境省绿色金融门户. 绿色债券基金 [EB/OL]. https：//greenfinanceportal. env. go. jp/bond/related_info/greenbond-fund. html，2018.

[76] 商业银行绿色金融债发行提速 年内募资近 1400 亿已超去年全年 [EB/OL]. 财经网，https：//baijiahao. baidu. com/s? id = 1744122016231054629，2022 - 09 - 16.

[77] 上海环境能源交易所．全国碳市场每日成交数据 20211207 [EB/OL]. https://www.cneeex.com/c/2021-12-07/491953.shtml, 2021-12-07.

[78] 生态环境部办公厅．关于做好 2022 年企业温室气体排放报告管理相关重点工作的通知 [EB/OL]. https://www.mee.gov.cn/xxgk2018/xxgk/xxgk06/202203/t20220315_971468.html, 2022-03-15.

[79] 生态环境部应对气候变化司．中华人民共和国气候变化第三次国家信息通报 [EB/OL]. https://unfccc.int/sites/default/files/resource/China_NC3_Chinese_0.pdf, 2018-12.

[80] 石婷，班远冲，刘志媛，刘青松，聂春雷．基于"双碳"目标的生态文明建设升级路径研究 [J]. 环境科学与管理，2022，47 (5)：139-143.

[81] 石纬林，张宇，张娇娇．商业银行开展低碳金融业务的国际经验及启示 [J]. 经济纵横，2013 (6)：97-100.

[82] 史英哲，云祉婷．"双碳"目标下中国绿色债券市场的机遇与挑战 [J]. 金融市场研究，2021 (10)：62-67.

[83] 世界银行．State and Trends of Carbon Pricing 2021 [EB/OL]. https://openknowledge.worldbank.org/handle/10986/35620, 2021-05-25.

[84] 碳达峰碳中和工作领导小组办公室成立碳排放统计核算工作组 [EB/OL]. 中国政府网，https://www.ndrc.gov.cn/fzggw/jgsj/hzs/sjdt/202108/t20210831_1295530.html? code=&state=123, 2021-08-31.

[85] 碳交．碳资产托管是什么意思？适用于哪些企业 [EB/OL]. http://www.tanjiao.com/news/read-79.html., 2022-03-07.

[86] 碳排放权配额分配的国际经验及对国内碳交易试点的启示 [EB/OL]. 国研网，http://d.drcnet.com.cn/eDRCNet.Common.Web/DocDetail.aspx?DocID=3290775&leafid=26706&chnid=6823, 2013-08-14.

[87] 同花顺财经．碳市场专题报告：碳市场建设稳步推进，林业碳汇成新热点 [R]. http://www.iwencai.com/unifiedwap/infodetail? uid=9b280ddda7a0a7ee&w&querytype=report, 2022-07-13.

[88] 万伦来，杨巧琳．商业银行碳金融理财产品收益风险实证研

究——来自兴业银行的碳金融产品经验证据 [J]. 浙江金融, 2017 (8): 37-43.

[89] 汪惠青. 碳市场建设的国际经验、中国发展及前景展望 [J]. 国际金融, 2021 (12): 23-33.

[90] 王倩, 李昕达. 绿色债券对公司价值的影响研究 [J]. 经济纵横, 2021 (9): 100-108.

[91] 王茨, 李登峰. 气候变化博弈的均衡分析 [J]. 系统工程理论与实践, 2021, 41 (12): 3178-3198.

[92] 王茨. 纳入政策预期的国际气候博弈 [J]. 运筹与管理, 2021, 30 (7): 110-118.

[93] 未来预测的'RCP方案'是什么 [EB/OL]. JCCCA网站, https://www.jccca.org/ipcc/ar5/rcp.html, 2013-09-27.

[94] 魏丽莉, 杨颖. 绿色金融: 发展逻辑、理论阐释和未来展望 [J]. 兰州大学学报 (社会科学版), 2022, 50 (2): 60-73.

[95] 翁智雄, 马中, 刘婷婷. 碳中和目标下中国碳市场的现状、挑战与对策 [J]. 环境保护, 2021, 49 (16): 18-22.

[96] 吴定迪. 欧盟碳市场建设对中国碳市场发展的启示 [J]. 特区经济, 2021 (10): 18-23.

[97] 吴金旺. 我国商业银行碳金融服务实践与创新 [J]. 财会月刊, 2012 (35): 43-46.

[98] 习近平. 习近平在第七十五届联合国大会一般性辩论上的讲话 [N]. 人民日报, 2020-09-23 (01).

[99] 习近平在第七十六届联合国大会一般性辩论上的讲话 (全文) [EB/OL]. 新华网, http://www.news.cn/politics/leaders/2021-09/22/c_1127886754.htm, 2021-09-22.

[100] 习近平在第七十五届联合国大会一般性辩论上的讲话 (全文) [EB/OL]. 人民政协网, http://www.rmzxb.com.cn/c/2022-03-03/3062746.shtml, 2022-03-03.

[101] 习近平在第七十五届联合国大会一般性辩论上的讲话 (全文) [EB/OL]. 新华网, http://www.xinhuanet.com/politics/leaders/2020-09/

22/c_1126527652. htm，2020 - 09 - 22.

[102] 习近平在联合国生物多样性峰会上的讲话 [EB/OL]. 央广网，http：//china. cnr. cn/yaowen/20200930/t20200930_525284660. shtml，2020 - 09 - 30.

[103] 习近平在中共中央政治局第三十六次集体学习时强调深入分析推进碳达峰碳中和工作面临的形势任务扎扎实实把党中央决策部署落到实处 [EB/OL]. 央广网，http：//news. cnr. cn/native/gd/20220125/t20220125_525725762. shtml，2022 - 01 - 25.

[104] 习近平指出，加快生态文明体制改革，建设美丽中国 [EB/OL]. 新华社，http：//news. cnr. cn/zt2017/shijiuda/kaimushi/zbkx/20171018/t20171018_523991619. shtml，2017 - 10 - 18.

[105] 习近平主持召开中央财经委员会第九次会议 [EB/OL]. 中国政府网，http：//www. gov. cn/xinwen/2021 - 03/15/content_5593154. htm，2021 - 03 - 15.

[106] 新加坡金鹰集团与交通银行江苏省分行签约 全国首单外资碳资产托管落地 [EB/OL]. 新华报业网，http：//news. xhby. net/jr/yzrd/202107/t20210719_7161283. shtml，2021 - 07 - 19.

[107] 兴业研究. 中国绿色消费信贷的产品与案例分析——绿色消费信贷系列三 [EB/OL]. https：//www. zhiyanbao. cn/index/partFile/1/eastmoney/2021 - 12/1_9198. pdf，2019 - 11 - 05.

[108] 兴业银行碳交易代理开户业务正式启动个人网银可直接开户 [EB/OL]. 中国碳交易网，http：//www. tanjiaoyi. com/article - 5442 - 1. html，2014 - 12 - 09.

[109] 闫海洲，陈百助. 气候变化、环境规制与公司碳排放信息披露的价值 [J]. 金融研究，2017 (6)：142 - 158.

[110] 央行已发放第一批碳减排支持工具资金 855 亿元 [EB/OL]. 中国经济网，http：//finance. ce. cn/bank12/scroll/202112/31/t20211231_37218832. shtml，2021 - 12 - 31.

[111] 杨希雅，石宝峰. 绿色债券发行定价的影响因素 [J]. 金融论坛，2020，25 (1)：72 - 80.

［112］“一刀切”停产或“运动式”减碳可休矣［EB/OL］. 中国政府网，http：//www. gov. cn/zhengce/2021 – 10/09/content_5641609. htm，2021 – 10 – 09.

［113］应急管理部—教育部　减灾与应急管理研究所，应急管理部国家减灾中心，红十字会与红新月会国际联合会，2019 年全球自然灾害评估报告［R］. https：//www. gddat. cn/WorldInfoSystem/production/BNU/2019 英文版 . pdf，2020 – 05.

［114］应急管理部—教育部　减灾与应急管理研究所，应急管理部国家减灾中心，红十字会与红新月会国际联合会，2020 年全球自然灾害评估报告［R］. https：//www. gddat. cn/WorldInfoSystem/production/BNU/2020 – CH. pdf，2021 – 10.

［115］张丽宏，刘敬哲，王浩 . 绿色溢价是否存在？——来自中国绿色债券市场的证据［J］. 经济学报，2021，8（2）：45 – 72.

［116］张益纲，朴英爱 . 世界主要碳排放交易体系的配额分配机制研究［J］. 环境保护，2015，43（10）：55 – 59.

［117］张永生，巢清尘，陈迎，张建宇，王谋，张莹，禹湘 . 中国碳中和：引领全球气候治理和绿色转型［J］. 国际经济评论，2021（3）：9 – 26.

［118］张玉卓 . 为世界可持续发展贡献中国力量以高水平科技自立自强助力“双碳”目标实现［J］. 人民论坛，2021（27）：6 – 8.

［119］张中祥，张钟毓 . 全球气候治理体系演进及新旧体系的特征差异比较研究［J］. 国外社会科学 . 2021（5）：138 – 150 + 161.

［120］政府工作报告［EB/OL］. 中国政府网，http：//www. gov. cn/gongbao/content/2022/content_5679681. htm，2022 – 03 – 12.

［121］芝加哥气候交易所交易机制研究［EB/OL］. MBA 智库，https：//doc. mbalib. com/view/2cf8f081515b7bfecf806cae022c1cbf. html，2015 – 07 – 26.

［122］中共武汉市委网络安全和信息化委员会办公室 . 全国碳排放权注册登记结算系统落户武汉［EB/OL］. http：//jyh. wuhan. gov. cn/pub/wxb/xxh/xxhgzdt/202108/t20210826_1766505. shtml，2021 – 08 – 26.

［123］中共中央 国务院关于完整准确全面贯彻新发展理念做好碳达峰碳

中和工作的意见［EB/OL］. 求是网，http：//www. qstheory. cn/yaowen/2021－10/24/c_1127990704. htm，2021－10－24.

［124］中国环境记协，北京化工大学．中国上市公司环境责任信息披露评价报告（2020 年度）［R］. https：//finance. sina. com. cn/jjxw/2021－12－18/doc－ikyamrmy9822193. shtml，2021－12－20.

［125］中国绿色碳汇基金会．中国气候变化蓝皮书（2021）［EB/OL］. http：//www. thjj. org/sf_138BFAAA9B614515AB017220B69A1A45_227_8C0B6735583. html，2021－09－15.

［126］中国农业银行获人民银行首批碳减排支持工具资金 113. 68 亿元［EB/OL］. 新华社，https：//www. chinanews. com. cn/fortune/2022/01－19/9655872. shtml，2022－01－19.

［127］中国启动碳排放权交易市场［EB/OL］. 今日中国，http：//www. chinatoday. com. cn/zw2018/bktg/202108/t20210804 _ 800254844. html，2021－08－04.

［128］中国人民银行．环境权益融资工具［EB/OL］. https：//www. cfstc. org/jinbiaowei/2929436/2980681/index. html，2021－07－22.

［129］中国人民银行．金融机构环境信息披露指南［EB/OL］. https：//www. cfstc. org/jinbiaowei/2929436/2980678/index. html，2021－07－22.

［130］中国人民银行．中国人民银行关于印发《银行业金融机构绿色金融评价方案》的通知［EB/OL］. http：//www. gov. cn/zhengce/zhengceku/2021－06/11/content_5616962. htm，2021－5－27.

［131］中国生态环境部．关于公开征求〈碳排放权交易管理暂行条例（草案修改稿）〉意见的通知［EB/OL］. https：//www. mee. gov. cn/xxgk2018/xxgk/xxgk06/202103/t20210330_826642. html，2021－03－30.

［132］中国生态环境部．碳排放权交易管理办法（试行）［EB/OL］. https：//www. mee. gov. cn/xxgk2018/xxgk/xxgk02/202101/t20210105_816131. html，2021－01－05.

［133］中国碳市场发展与实践丨碳排放权交易管理暂行条例讨论会［EB/OL］. 中国绿发会，https：//baijiahao. baidu. com/s？id＝1698348955589690946&wfr＝spider&for＝pc，2021－04－29.

[134] 中国银行成功发行全球首笔可持续发展再挂钩债券 [EB/OL]. 中国银行官网, https://www.boc.cn/aboutboc/bi1/202110/t20211029_20226376.html, 2021-10-29.

[135] 中华人民共和国商务部 .2035 年前法国核电比例将降到 50% [EB/OL]. http://www.mofcom.gov.cn/article/i/jyjl/m/202004/20200402959984.shtml, 2020-04-28.

[136] 中央经济工作会议举行 习近平李克强作重要讲话 [EB/OL]. 中国政府网, http://www.gov.cn/xinwen/2021-12/10/content_5659796.htm, 2021-12-10.

[137] 钟宇平, 刘漾. 气候变化对金融稳定和货币政策的影响综述 [J]. 当代金融研究, 2021 (Z2): 79-89.

[138] 加州碳排放权交易的启示 [EB/OL]. 中国碳交易网, http://www.tanpaifang.com/tanguwen/2018/1010/62361_4.html, 2018-10-10.

[139] 周俊涛. 如何做一家负责任的银行? ——负责任银行原则解读, 应用现状及未来发展 [J]. 可持续发展经济导刊, 2021 (11): 22-25.

[140] 自然资源部海洋预警监测司 .2020 年中国海平面公报 [R]. 中国国家海洋局, 2021.

[141] Albarrak, Mohammed S., Marwa Elnahass and Aly Salama. The effect of carbon dissemination on cost of equity [J]. *Business Strategy and the Environment*, 2019, 28 (6): 1179-1198.

[142] Anglii B. The Bank of England's response to climate change [J]. *Bank of England Quarterly Bulletin*, 2017: Q2.

[143] Arabella Advisors Website. The Global Fossil Fuel Divestment and Clean Energy Investment Movement [EB/OL]. https://www.arabellaadvisors.com/wp-content/uploads/2018/09/Global-Divestment-Report-2018.pdf, 2018.

[144] Bachelet, Maria Jua, Leonardo Becchetti and Stefano Manfredonia. The Green Bonds Premium Puzzle: The Role of Issuer Characteristics and Third-Party Verification [J]. *Sustainability*, 2019, 1098 (11): 1-22.

[145] Balvers, Ronald, Ding Du and Xiaobing Zhao. Temperature shocks

and the cost of equity capital: Implications for climate change perceptions [J]. *Journal of Banking and Finance*, 2017, 77: 18 –34.

[146] Bank for International Settlements. Climate Related Risk Drivers and Their Transmission Channels [R]. BIS website, 2021.

[147] Bank of England. An Overview of Exploratory Scenario Testing for BOE [EB/OL]. https: //www. bankofengland. co. uk, 2019 –08.

[148] Batten S, Sowerbutts R, Tanaka M. Let´s talk about the weather: the impact of climate change on central banks [J]. *Bank of England Working Paper*, 2016, 603.

[149] Becker, Gary S. , Kevin, M. Murphy, and Robert, H. Topel. On the Economics of Climate Policy [J]. *The B. E. Journal of Economic Analysis & Policy*, 2020, 110 (2).

[150] BIS website. The Green Swan [EB/OL]. https: //www. bis. org/publ/othp31. pdf, 2021 –01.

[151] Cameron Hepburn, Brian O'Callaghan, Nicholas Stern, Joseph Stiglitz, et al. Will COVID –19 fiscal recovery packages accelerate or retard progress on climate change? [J]. *Oxford Review of Economic Policy*, 2020, 36 (S1): 359 –381.

[152] Capasso, Giusy, Gianfranco Gianfrate and Marco Spinelli. Climate change and credit risk [J]. *Journal of Cleaner Production*, 2020, 266: 121634.

[153] Carosso V P. Biography of a Bank: The Story of Bank of America NT & SA By Marquis and Bessie Rowland James. [J]. *The Journal of Economic History*, 1955, 15 (1): 103 –104.

[154] Chen, Linda H. and Lucia Silvia Gao. The pricing of climate risk [J]. *Journal of Financial and Economic Practice*, 2012, 12 (2): 115 –131.

[155] Christersson, Matti, Jussi Vimpari and Seppo Junnila. Assessment of financial potential of real estate energy efficiency investments-A discounted cash flow approach [J]. *Sustainable Cities and Society*, 2015, 18: 66 –73.

[156] CI Gonzúlez, S Núez. Markets, financial institutions and central banks in the face of climate change: challenges and opportunities [J]. *Occasional*

Papers, 2021.

[157] Cochrane, John. Asset Pricing [M]. Princeton, N. J.: Princeton University Press, 2005.

[158] Commodity Futures Trading Commission. Climate Risk Management In the U. S. Financial System [EB/OL]. https://www. cftc. gov/, 2020-09.

[159] Corinne Le Quéré, et al. Temporary reduction in daily global CO_2 emissions during the COVID-19 forced confinement [J]. *Nature Climate Change*, 2020, 10 (7): 647-653.

[160] Dyson, Freeman. The Question of Global Warming [J]. *The New York Review of Books*, June 12.

[161] Esty D. C.. Rethinking global environmental governance to deal with climate change: The multiple logics of global collective action [J]. *American Economic Review*, 2008, 98 (2): 116-21.

[162] European Central Bank. Regulatory Expectations for Climate Change Risk Management and Disclosure [EB/OL]. https://www. ecb. europa. eu/home/html/index. en. html, 2020-11.

[163] European Commission. Renewed sustainable finance strategy and implementation of the action plan on financing sustainable growth [EB/OL]. https://finance. ec. europa. eu/publications/renewed-sustainable-finance-strategy-and-implementation-action-plan-financing-sustainable-growth_en, 2018-03-08.

[164] F. Biermann, et al. The Fragmentation of Global Governance Architectures: A Framework for Analysis [J]. *Global Environmental Politics*, 2009, 9 (4): 14-40.

[165] F. Biermann, et al. The fragmentation of global governance architectures: a framework for analysis [J]. *Global Environmental Politics*, 2009, 9 (4): 14-40.

[166] Fernando, Chitru S., Mark P., Sharfman and Vahap B. Corporate Environmental Policy and Shareholder Value: Following the Smart Money [J]. *Journal of Financial and Quantitative Analysis*, 2017, 52 (5): 2023-2051.

[167] Finus Michael. Game theoretic research on the design of international

environmental agreements: insights, critical remarks, and future challenges [J]. *International Review of Environmental and Resource Economics*, 2008, 2 (1): 29 -67.

[168] Flammer and Caroline. Corporate green bonds [J]. *Journal of Financial Economics*, 2021, 142 (2): 499 -516.

[169] Gregor, Alan, Rajesh Tharyan and Julie Whittaker. Corporate Social Responsibility and Firm Value: Disaggregating the Effects on Cash Flow, Risk and Growth [J]. *Journal of Business Ethics*, 2014, 124: 633 -657.

[170] Hartzmark, Samuel M. and Abigail B. Do Investors Value Sustainability A Natural Experiment Examining Ranking and Fund Flows [J]. *The Journal of Finance*, 2019, 74 (6): 2789 -2837.

[171] Höck, André, Christian Klein, Alexander Landau and Bernhard Zwergel. The effect of environmental sustainability on credit risk [J]. *Journal of Asset Management*, 2020, 21: 85 -93.

[172] Hong H, Karolyi G A, Scheinkman J A. Climate finance [J]. *The Review of Financial Studies*, 2020, 33 (3): 1011 -1023.

[173] Hosono K, Miyakawa D, Uchino T, et al. Natural disasters, damage to banks, and firm investment [J]. *International Economic Review*, 2016, 57 (4): 1335 -1370.

[174] Hotelling, Harold. The Economics of Exhaustible Resources [J]. *Journal of Political Economy*, 1931: 137 -175.

[175] Huang H. H., Kerstein J., and Wang C.. The impact of climate risk on firm performance and financing choices: An international comparison [J]. *Journal of International Business Studies*, 2018, 49 (5): 633 -656.

[176] Hugues Chenet, Josh Ryan-Collins and Frank van Lerven. Finance, climate change and radical uncertainty: Towards a precautionary approach to financial policy [J]. *Ecological Economics*, 2021 (183).

[177] ICE. EUA Daily Future [EB/OL]. https://www.theice.com/products/18709519/EUA - Daily - Future/data? marketId =400431&span =3, 2021 -12 -07.

[178] IEA. World Energy Review 2021 [EB/OL]. https: //www. iea. org/reports/global-energy-review – 2021, 2021 – 04 – 08.

[179] International Energy Agency. World Energy Outlook 2021 [EB/OL]. https: //iea. blob. core. windows. net/assets/4ed140c1 – c3f3 – 4fd9 – acae – 789a4e14a23c/WorldEnergyOutlook2021. pdf, 2021 – 10.

[180] Ito and Haruyoshi, 2020. On the Correlation between Country Risk Premium and SDGs: Implications to Corporate Value [C]. *Japan Finance Association, The 44th National Conference*, proceeding.

[181] Jakubik, P., and Uguz S.. Impact of green bond policies on insurers: evidence from the European equity market [J]. *Journal of Economics and Finance*, 2020, 45: 381 – 393.

[182] James, Marquis and James, B. Rowland. Biography of a Bank: The Story of Bank of America N. T. & S. A. (Book Review) [J]. New York, Harper & Brothers, 1954.

[183] J. Rogelj, et al. Paris Agreement climate proposals need a boost to keep warming well below 2 degrees C [J]. *Nature*, 2016, 7609 (534): 631 – 639.

[184] Kabir M. N., Rahman S., Rahman M. A., Anwar M.. Carbon emissions and default risk: International evidence from firm-level data [J]. *Economic Modelling*, 2021, 103: 105617.

[185] Kim, Y. B., An H. T., and Kim J. D.. The effect of carbon risk on the cost of equity capital [J]. *Journal of Cleaner Production*, 2015, 93: 279 – 287.

[186] Kling, G., Lo Y., Murinde V., and Volz U. 2018. Climate Vulnerability and the Cost of Debt, *Mimeo* [R]. SOAS University of London, London.

[187] Li, L., Liu, Q., Tang, D., and Xiong, J. Media reporting, carbon information disclosure, and the cost of equity financing: evidence from China [J]. *Environmental Science and Pollution Research*, 2017, 24 (10): 9447 – 9459.

[188] Li W, Nguyen Q T, Narayanaswamy M. How Banks Can Seize Opportunities in Climate and Green Investment [J]. *World Bank Other Operational Studies*, 2016.

[189] Matsumura E M, Prakash R, Vera-Munoz S C. Firm-value effects of carbon emissions and carbon disclosures [J]. *The Accounting Review*, 2014, 89 (2): 695-724.

[190] Nemoto N, Liu L. How Will Environmental, Social, and Governance Factors Affect the Sovereign Borrowing Cost? [J]. *Environmental, Social, and Governance Investment*, 2020: 71.

[191] Nordhaus, William. A Review of the Stern Review on the Economics of Climate Change [J]. *Journal of Economic Literature*, 2007 (b), 45 (3): 686-702.

[192] Nordhaus, William. *The Challenge of Global Warming: Economic Models and Environmental Policy* [M]. Working Paper, Yale University, 2007c.

[193] Nordhaus, William. To Tax or Not to Tax: Alternative Approaches to Slowing Global Warming [J]. *Review of Environmental Economic and Policy*, 2007a (1): 26-44.

[194] OECD. Global Historical Emissions [EB/OL]. https://www.climatewatchdata.org/ghg-emissions?calculation=CUMULATIVE&end_year=2019&source=CAIT&start_year=1990, 2022.

[195] OECD. Tax Polict Analysis [EB/OL]. https://www.climatewatchdata.org/ghg-emissions?gases=co2&source=CAIT, 2021-11.

[196] OECD. World Resources Institute [EB/OL]. https://www.climatewatchdata.org/ghg-emissions?gases=co2&source=CAIT, 2022.

[197] Oikonomou, I., Brooks C., and Pavelin S. The Effects of Corporate Social Performance on the Cost of Corporate Debt and Credit Ratings [J]. *The Financial Review*, 2014, 49: 49-75.

[198] Partnership for Carbon Accounting Financials (《金融行业温室气体核算和披露全球性标准》) [EB/OL]. https://carbonaccountingfinancials.org/zh/standard, 2020-11-18.

[199] Paschen J. A. , Ison R. Narrative research in climate change adaptation—Exploring a complementary paradigm for research and governance [J]. *Research Policy*, 2014, 43 (6): 1083 -1092.

[200] Pointner W, Ritzberger-Grünwald D. Climate change as a risk to financial stability [J]. *Financial Stability Report*, 2019, 38: 30 -45.

[201] PRI website. About the PRI [EB/OL]. https://www.unpri.org/about-us/about-the-pri, 2021.

[202] Recommendations of the Task Force on Climate - related Financial Disclosures [EB/OL]. TCFD website, https://assets.bbhub.io/company/sites/60/2020/10/FINAL -2017 - TCFD - Report -11052018.pdf, 2017 -06.

[203] Science Based Targets. Financial Sector Based Targets Guidance (Version 1.0) [EB/OL]. https://sciencebasedtargets.org/sectors, 2022 -02.

[204] Science Based Targets. Financial Sector Science Based Targets Guidance [EB/OL]. https://www.unglobalcompact.org/library/5795, 2020 -08 - 06.

[205] Six Different Scenarios to Assess Transition and Physical Risks [EB/OL]. NGFS website, https://www.ngfs.net/ngfs-scenarios-portal/explore, 2021.

[206] Tang, D. Y. , and Zhang Y. Do shareholders benefit from green bonds? [J]. *Journal of Corporate Finance*, 2020: 101427.

[207] Task Force on Climate - related Financial Disclosures. Recommendations of the Task Force on Climate - related Financial Disclosures [EB/OL]. https://www.fsb.org/2017/06/recommendations - of - the - task - force - on - climate - related - financial - disclosures -2/, 2017 -06 -15.

[208] Task Force on Climate - related Financial Disclosures. Task Force on Climate - related Financial Disclosures 2021 Status Report [EB//OL]. https://www.fsb - tcfd.org/, 2021 -09 -15.

[209] UN Environment Programme. The Principles for Responsible Banking [EB/OL]. https://www.unepfi.org/banking/more-about-the-principles/, 2019 - 09 -22.

[210] UNEP Finance Initiative website. Extending Our Horizon: Assessing

Credit Risk and Opportunity in a Changing Climate [EB/OL]. https://www.unepfi.org/wordpress/wp-content/uploads/2018/04/EXTENDING-OUR-HORIZONS.pdf, 2018-04.

[211] Vanclay J K, Shortiss J, Aulsebrook S, et al. Customer response to carbon labelling of groceries [J]. *Journal of Consumer Policy*, 2011, 34 (1): 153-160.

[212] Weitzman, Martin. The Stern Review of the Economics of Climate Change [J]. *Journal of Economic Literature*, 2007, 45 (3).

[213] Wittneben B. B. F., Okereke C., Banerjee S. B., et al. Climate change and the emergence of new organizational landscapes [J]. *Organization Studies*, 2012, 33 (11): 1431-1450.

[214] Yuli Shan, et al. Impacts of COVID-19 and fiscal stimuli on global emissions and the Paris Agreement [J]. *Nature Climate Change*, 2021, 11 (3): 200-206.

后　　记

本书的撰写和出版得到了中南财经政法大学金融学院和各位老师的大力支持，学院的财政支持解决了我们的后顾之忧，同事们不仅在工作和生活中给予我们充分的帮助，还提出了客观点评与中肯的意见。在此，我们深表谢意。陈思翀还特别感谢日本一桥大学名誉教授清水启典老师在气候变化研究上的指导和支持。

此外，本书的撰写和校对还得到了我们所指导研究生们的大力支持。不仅本书的许多内容都是基于我们共同合作的研究成果，而且和他们每周在一起的交流学习，更是激励我们前进的主要推动力。如果没有他们的支持和帮助，我们很难完成这本书。这些研究生包括：易晗、赖楚妮、郭治廷、郑颖、卢苑、车映娴、林博源、戴天逸、曾诗岩、李鑫汝、俞译彪、张弘雨、周泽、王子瑜、魏筱、董可伦、任玥静、张晓珂、郑岩松、刘聃珂、胡思聪、韩明杰、李家驹、吴之羽、胡馨元、张晏宁、宋玥、杨琳、贾诗涵、肖娅。

最后，我们特别感谢经济科学出版社非常耐心和负责的编辑们，特别是孙丽丽和纪小小编辑对本书的辛勤付出。没有你们，就不会有这本书的出版。

庄子罐、陈思翀

2023 年 2 月